国家自然科学基金课题（No. 41171134）资助成果

中国城市住区更新的解读与重构

——走向空间正义的空间生产

胡 毅 张京祥 著

中国建筑工业出版社

图书在版编目（CIP）数据

中国城市住区更新的解读与重构——走向空间正义的空间生产/胡毅，张京祥著. — 北京：中国建筑工业出版社，2015.6

ISBN 978-7-112-17701-1

I.①中… II.①胡…②张… III.①居住区 — 城市建设 — 研究 — 中国 IV.①TU984.12

中国版本图书馆CIP数据核字（2015）第018779号

责任编辑：李 杰
责任校对：李欣慰 姜小莲

中国城市住区更新的解读与重构
——走向空间正义的空间生产
胡 毅 张京祥 著

*

中国建筑工业出版社出版、发行（北京西郊百万庄）
各地新华书店、建筑书店经销
北京京点设计公司制版
北京云浩印刷有限责任公司印刷

*

开本：787×960 毫米 1/16 印张：13¼ 字数：235 千字
2015 年4月第一版 2016 年12月第二次印刷
定价：**48.00**元

ISBN 978-7-112-17701-1
(26981)

前　言

自1970年代全球经济危机以来，以英美的“撒切尔主义”、“里根主义”为肇始，西方各国相继在一定程度上开启了向新自由主义治理的转型过程。这种新的社会经济治理模式强调以市场为导向，以更加依赖于市场化、私有化的方式追求在全球化环境中实现城市经济增长与竞争力提升。值得关注的是，西方国家发生的新自由主义转型恰好与中国改革开放的时间总体上耦合，所以，全球性的经济、政治、社会、文化等各种因素影响都逐一出现在中国随后的经济高速增长和城市化大潮之中。“（我们）很难不把中国1978年的经济改革与西方英国1979年和美国1980年发生的新自由主义转向视作世界意义的巧合”（哈维，2009）。

社会主义市场经济体制转型的确立，为中国正在进行的，同时也是人类历史上史无前例的工业化、城市化进程注入了强劲的动力，推动了中国大规模的城市空间重组与更新，特别是大规模的内城更新、城市外延扩张两种相互交叠的空间运动，都获得了空前的发展。遍布中国各地以大规模、超强度、高标准进行建设的新区以及更新的内城，成为承担社会经济高速发展的重要空间载体，可谓功不可没；但是，在此过程中所暴露出来的社会要素参与不充分、科学决策体制滞后、发展动力机制畸形、城市建设意识价值导向错误等因素，导致了中国城市在快速发展的同时也累积了诸多复杂的空间和社会问题，例如将城市空间作为纯粹“商品”出售而抹杀空间的公益性，重物质形态建设而轻社会空间再造，重视“国际化范式”而忽视地域历史独特性和文化多样性，趋同性的城市空间形象消解了市民的认同感和归属感，尤其是城市住区更新中频繁发生的原住民抵抗事件，等等。这些不断积累的空间和社会问题，不仅在直接意义上削弱了资本在城市更新中的亲和力并导致更新矛盾重重，同时也严重影响了政府公权力的合法基础、公信力和执行效果。

但是，这些问题中又孕育着解决矛盾并推动空间正义发展的契机：居民对同质性空间运动的抵抗，以及对异质性空间差异的需求。这正可以充分运用新马克思主义空间生产的有关理论进行深刻解读，并从理论中寻求促使中国城市住区更新机制整体转向的动力来源。20 世纪六七十年代，在福柯、列斐伏尔等人的直接推动下，西方当代马克思主义学派的研究发生了意义重大的“空间转向”，并在政治学、地理学、文化理论、都市社会学等与马克思的社会批判理论实现汇合以后，逐步发展出蔚为壮观的社会空间批判理论，涌现出以列斐伏尔、哈维、索亚等人为代表的空间生产研究的左派理论家。这促使了近年来中国城乡规划界、人文地理界中有关空间生产理论热潮的兴起。以空间生产理论来分析当今全球资本流动环境下的中国城市空间更新运动，是一个非常新颖、必要而又可行的视角。于是，在借鉴西方有关理论和实践经验的基础上，重点解析中国城市空间生产之于住区更新的特殊性，并探寻在当前中国转型发展的宏大背景下城市住区更新的“正义路径”，就成为本书写作的主要目的所在。

本书中所举案例城市南京，是一座有着悠久历史并正在经历向现代化大都市转变的城市，也是一个研究中国城市住区更新的典型样本。当然，这种典型性又是建立在其身份的非典型性之上的，即南京与中国其他众多城市在不同形式空间生产中展开激烈竞争的时候，并没有一张十分醒目的王牌（如作为政治中心的北京，或以经济地位赢得全球声誉的上海）；但是作为十朝古都，在更新过程中，她比其他许多城市更能体验到地方性资源破坏之痛。博爱南京、文化南京、人文绿都、十朝古都等城市意向，不应仅仅视为一种外在的口号，它们确实应该也能够介入到南京城市住区更新的动力机制之中。因此，以全球化空间生产和中国大规模城市空间转型重组为背景，集中从南京城市住区更新的背景和历史文化等地方性资源为突破口，探寻城市住区更新的空间正义新路径，既是对空间生产理论在中国本土应用的一次重要尝试，又具有解决中国城市住区更新中一系列现实问题的可行性。

在中国城市住区更新运动愈演愈烈的今天，也是各种社会冲突与矛盾最为激烈之时，这些层出不穷的大量城市住区更新问题和矛盾，其中一些即使是西方发达国家当年进行大规模城市更新时也不曾经历的。因此，对中国城市空间再生产重要形式之一的住区更新进行深入的研究，也就具有了深刻的现实意义和国际比较研究价值——在中国城市中发生的如此庞大规模的住区更新运动，其本身就构成了当今世界城市更新理论和实践的重要部分，甚至可以说，没有“中国元素”的国际理论将是残缺的。此外，对于奉行马克思主义路线、走社会主义道路的中国而言，其有关城市住区更新的实践本身就是对新马克思主义空间生产理论最好的反馈和检验场所。

本书就是基于上述的总体背景和空间生产理论的分析视角展开研究，并得到了国家自然科学基金课题“转型期中国城市空间再生产的效应、机制与治理研究”（No.41171134）的资助。本书出版过程中，得到了中国建筑工业出版社的大力支持和李杰编辑的鼎力支持与帮助，在此深表谢意。由于作者水平所限，书中一定还有一些欠缺或值得商榷之处，恳请广大读者不吝赐教。

胡 毅 张京祥

2014年仲夏

目 录

第 1 章　城市住区更新理论与实践研究进展

1.1　中国当代住区更新的背景及研究意义

20 世纪 90 年代以来，全球化力量“深刻的资本主义地理重组”[1]（Harvey，2009）不断加强。与此同时，社会主义市场经济体制建设目标的确立，开始推动中国进行大规模的空间重组。伴随着轰轰烈烈的城市扩张和旧城改造，中国经济的迅速崛起开始表现出强烈的城市化激情冲动，城市旧有地区的更新改造似乎也变成了城市化发展不可逃脱的必然选择。无论是向商业区、高档住宅的更新，还是以产业升级为目的的改造，都竭力迎合着时代发展的需要，寻找旧地区的“新价值”成为现阶段多数中国城市更新所追逐的目标。

作为承担社会经济高速发展的重要空间载体，大规模、超强度、高标准进行更新的城市，可谓功不可没。但是，习惯以西方再城市化运动为参照的中国城市更新，事实上面临着转型发展过程中“日益压缩”[2]的城市化环境和更新中社会矛盾不断积累的双重困境。一方面，崛起的中国必须在几十年时间内从一个前工业（前现代）社会演进成工业化、城市化高度发达的社会；另一方面，中国的城市化发展几乎“浓缩”了西方过去近二三百年城市化过程中的所有问题（如经济增长、产业转型升级、社会转型、环境问题以及各种城市病等）。也就是说，中国的城市发展需要在比西方当初“自然演进”状态下短得多的时间里、紧缺得多的空间环境中实现多维进程的同步转型，[2]这使转型期的中国处于一个内外时空“压缩”的城市化进程与环境之中。

西方国家城市住区更新的治理环境具有高度的市场化、法治化，法治和市场机制较为完善并充分发挥作用，这是西方国家城市住区更新的基础特征和更新管理的前提。西方发达国家的住区更新理论，是其城市研究专家以本国的更新为研

1　D.Harvey. The art of rent：globalization，monopoly and the commodification of culture [J]. Socialist Register，2009：93-110.

2　张京祥，陈浩．中国的压缩城市化环境与规划应对 [J]. 城市规划学刊，2010（6）：10-21.

究对象所总结的实践经验，从而提出适合本国国情的理论和主张。中国内外“压缩”的城市化环境和体制机制的差异，则意味着中国城市住区必然要经历一个有别于西方的更新道路。目前我国很多地方借鉴西方的城市住区更新政策方法，一是忽略了我国“压缩”的城市化和更新环境而导致的问题复杂性；二是忽略了中国多维进程的同步转型而区别于发达国家“自然进程”的更新实践与经验。虽然中国住区更新依旧无法逃脱资本的生产规律和为经济服务的宿命，但它绝不仅仅是外部环境作用下的产物，也是中国城市内在发展动力机制对于更新的需求，并由此造成了我国区别于发达国家的住区更新背景和特征：

1.1.1 中国当代住区更新的背景与特征

1. 体制转型期更新方式与管理的不确定性

我国大规模城市住区更新发端于经济体制转轨和社会转型期。包括经济体制在内的整个社会转型，使制度、程序、管理方式和未来发展都具有不确定性，而这种不确定性又是一个长期的过程，存在于整个转型期，构成转型期中国城市发展所处环境的基本状态。这种转型期所特有的不确定性，区别于西方发达国家所具有的稳定完善的法治环境和稳定成熟的市场环境条件，使得中国大规模城市住区更新和城市快速发展，突破了西方发达国家向包括中国在内的发展中国家极力推销的以新自由主义政治经济为主题的“华盛顿共识”[1]，实际上形成了权力和市场的相互作用，甚至在许多情况下以权力为主导为特征的城市住区更新的“中国模式”与中国经验。

2. 城市化与城市更新问题交织叠加

中国正处于城市化高速推进时期，城市的扩张膨胀使城市建设用地规模达到了高峰。中国未来十余年城镇化仍将保持年均 0.8 ~ 1 个百分点的增长速度，即每年约有 1000 余万人口从农村转移到城市，城市的空间扩张需求难以在短期内得以扭转。而坚守 18 亿亩耕地“红线”和实行“世界上最严厉的土地管理制度”，使得新增城市建设用地受到了严格的刚性约束，旺盛的建设用地需求与严格的土地指标限制之间形成尖锐的矛盾。如此，将迫使中国城市发展中相当大

1 华盛顿共识是指 20 世纪 80 年代以来，苏联的解体和东欧剧变，使政府集权主导的城市社会发展产生瓦解。此时位于华盛顿的国际货币基金组织、世界银行和美国政府，推行以政府角色最小化、快速私有化和自由化为主的新自由主义等一系列政策主张。

的空间需求不得不通过更新来予以实现。这是世界城市发展史上未曾有过的“中国难题”。

3. 住区更新范围之广、速度之快产生了深刻的利益调整和影响

从1949年至1967年这20年间，美国的“联邦式推土机”已经推倒了40万个低收入阶层住区，但是却仅仅有41580个安置住区给这些家庭。在英国，每年有144000人由于住区清理或是士绅化而被迫离开原居地。虽然我国没有官方的统计数据，但是可以从研究者们的成果中看到，1990～2000年总共有33km^{2}被铲除[1]（Li，Song，2009），1990～1998年北京已经有4.2km^{2}旧城被清理，大约有10万人、32000个家庭还没有安置[2]（Zhang，Fang，2004）。上海见证了更大范围的更新规模，根据2011年上海市统计年鉴显示，从2000年到2010年上海更是有60.14km^{2}的住区被拆除[3]。在南京，在2004～2006年之间1.2km^{2}的内城住区被改造[4]（袁雯等，2010）。中国的住区更新规模之大、范围之广、行动之迅速，与其城市化进程一样，举世无双。世界罕见的超大规模的城市更新几乎是在全国同时展开，具有真正意义上的“全国性”，对整个社会的许多阶层产生了巨大的利益调整和深度影响。

4.“集体消费”缺失加剧了资源再分配的不公平

中国正处于转型期，由高度集中的计划经济体制向市场经济体制转型，由统管包揽一切的“无限政府”向“有限政府”转型。在转型过程中，农业、工业、商业等整个国民经济体系中引入竞争性的市场机制，取得了巨大成功，市场机制甚至成为一些地方政府解决困难问题的“灵丹妙药”。一段时期以来，市场机制更是被推向“集体消费”的领域，如教育、医疗、社会保险、住房等领域，把政府本应承担的部分公共责任也推向了市场。特别是对于住房建设，面对低收入者的经济适用房建设量逐年萎缩，而商品房建设量不断加大，直至2010年在中央政府的强大压力下，地方政府才开始突击履行建设“保障性住房”的责任。消费

1 Li，S.，Song，Y.. Redevelopment，displacement，housing conditions，and residential satisfaction：a study of Shanghai [J]. Environment and Planning A，2009，41（5），1090－1108.

2 Zhang，Y.，Fang，K. Is history repeating itself? From urban renewal in the united states to inner-city redevelopment in China [J]. Journal of planning education and research，2004，23（3），286-298.

3 上海统计年鉴2011. 北京：中国统计出版社，2011.

4 袁雯等. 南京居住空间分异的特征与模式研究——基于南京主城拆迁改造的透视 [J]. 人文地理，2010（2）：65-68.

问题本身就是城市的核心问题（Castells，1976），而“集体消费”产品的供应和分配，不仅是城市社会冲突的重要问题，也对城市空间形态的演变产生影响。事实上，住房作为“集体消费”发挥着资源再分配和维系社会公平的重要作用，但是由于“集体消费”的缺失，使得住区更新往往只重视经济利益和政绩效果，却忽略了其还应担任的空间资源再分配的社会目标和责任。

经济适用房建设逐年下降 表1-1

年份	经济适用房完成投资		经济适用房开工面积		经济适用房销售面积	
	总额（亿元）	占商品住房（%）	总量（万m^2）	占商品住房（%）	总量（万m^2）	占商品住房（%）
1999	437.0	16.6	3970.4	21.1	2701.3	20.8
2002	589.0	11.3	5279.7	15.2	4003.6	16.9
2003	622.0	9.2	5330.6	12.2	4018.9	13.5
2004	606.4	6.9	4257.5	8.9	3261.8	9.6
2005	519.2	4.8	3513.4	6.4	3205.0	6.5
2006	696.8	6.0	4379.0	6.8	3337.0	6.0
2007	820.9	4.6	4810.3	6.1	3507.5	5.0
2008	970.9	4.3	5621.9	6.7	3627.3	6.1
2009	1134.1	4.4	5354.7	5.7	3058.8	3.5

资料来源：历年《中国房地产统计年鉴》

5. 空间不正义现象的复杂丛生

以经济增长为主要诉求的中国城市更新，从一开始就处于价值资源匮乏的尴尬境地：一面是倡导低碳出行，一面却是不断被新建延伸、更新拓宽用以支持小汽车通行的道路；一面是大力倡导建设和谐社会、幸福城市，一面却是富人区和穷人区的空间分异越来越明显；一面不断推倒实质扮演廉租房角色的城中村，一面却不得不为筹措廉租房的建设资金而犯愁……中国城市更新的不正义现象正在普遍上演。根据住房城乡建设部的统计数据，仅2004年上半年因征地拆迁的上访量就超过往年全年上访总量，自2010年以来，农村土地征用、城市房屋拆迁问题居全国所有信访问题中的第1位。

1.1.2　研究意义

1. 研究意义

在中国转型发展的背景下，城市住区更新运动愈演愈烈，也是社会冲突与矛盾最为激烈之时，这些层出不穷的更新问题和矛盾许多是西方发达国家当年不曾遇到的。中国这么庞大的城市住区更新规模，使得其本身就构成了世界城市更新理论的重要部分，没有“中国元素”的所谓城市理论将是残缺的。因此在理论意义上，本书从新马克思主义空间生产理论的视角，通过对中国城市住区更新的批判分析，试图找到一种基于空间正义价值观的住区更新道路，从而用理论检视中国城市的住区更新，以期为相关理论体系建设中加入中国元素；另一方面，作为实行马克思主义路线、走社会主义道路的中国，本身就是反馈新马克思主义空间生产理论最好的实践场所，因此其实践意义在于结合新马克思主义的社会—空间辩证法与空间生产理论，尝试提出城市住区更新实践的对策建议，进而为当代中国城市住区更新动力机制的路径选择提供可资借鉴的参考。

2. 研究创新点

（1）通过对空间生产经典理论的中国化城市住区更新实践全面解读，本书提出了中国空间生产的特殊性。

中国城市空间生产的高额空间剩余价值方式之一，是通过尽可能短的资本运转周期获得的；

中国城市空间生产的价值利润创造的优势是，地域不平衡发展带来的大量而充分的农村剩余劳动力，使得在劳动力无限供给的状况下不断缓解城市结构性失业矛盾，增加的就业人口迫使对劳动力价值分配和福利分配等再分配体系改革趋缓；

中国城市空间生产对垄断地租的不断追逐是资本的本质特征所导致，并与中国城市中复杂的权利体系进行结合，其中最典型的表现为国有资本与权力的结合；城市空间生产的高利润获取和维系是通过对空间的极度极化所带来的，具体表现为城市空间对农村空间的不断挤占（包括工业挤占农业利润，城市空间扩展对农村土地和景观的挤占；城市产业发展通过以社会劳动力分工为基础进行的社会空间挤占；中国的城乡收入差距为3.3：1，位列世界第一等）；

由城乡地域不平衡发展所带来的农村剩余劳动力利益受损，以及特定体制限制下社会福利的最小化，导致优势人群的空间优势（文化、居住、消费、就业、话语权等）不断被强化，而边缘人群空间则更加边缘。

（2）以空间的二元冲突贯穿全书的分析，如内城住区的居民日常生活与被创造的都市镜像；城中村劳动力的核心与边缘结构变化；安置区的居民迁入前后的对比；旧有住区被新建空间的替代……但是，本书在具体案例分析过程中则对相关理论的运用各有侧重，分别以资本循环积累、空间三元辩证以及地域不平衡发展三个理论对实证案例进行有侧重点的剖析，以期用更全面的视角对空间生产理论进行检验。

（3）本书的研究结论并没有完全沉溺于新马克思主义空间生产理论中的想象式乌托邦，而是更注重结合中国现实环境对城市住区更新提出替代方案，提出一种可行的改进思路——不仅提出从意识上以空间正义价值观为基础的价值重构，也指出了对现有住区更新更具实践操作性的建议。

1.2 城市住区更新理论研究进展

1.2.1 原因：对政治经济结构变化理论的探讨

1. 新自由主义政策论

从政府财政危机开始的新自由主义化进程很大程度上压缩了政府的公共财政支出，城市的管制模式从凯恩斯的管理主义转向新自由主义的企业化治理[1]（Harvey，1989）。这种新的社会经济治理模式以市场为导向，以依赖于市场化、私有化的方式追求城市经济增长与竞争力重构。城市的各类更新也从过去被认为的公共领域，开放为由私人部门主导的市场或半市场领域，并成为城市经营理念的重要部分。城市空间领域的开放与企业化城市的盛行，助长了政府将城市资产（如土地、衰败城区）最大限度地价值化的冲动：政府充分运用其掌握的资源，遵从市场逻辑进行类似企业的运作，这就解释了城市政府不断贬值与破坏原有空间，继而在其上进行具有项目资金自我偿付能力的城市更新的热情[2]（Rachel Weber，2002）。

新自由主义政策论的另一种表述是，由于新自由主义代表了国际垄断资本的

---

1 Harvey，D. From managerialism to entrepreneurialism：the transformation in urban governance in late capitalism[J]. Geografiska Annaler，1989，71（B）：3-17.

2 Rachel Weber. Extracting value from the city：neoliberalism and urban redevelopment. Antipode，2002：519-556.

新的国际秩序，其目的是建立资本的世界积累制度。推行全球化契合了新自由主义的目标，而城市对于全球城市和世界城市的追求，使得其产业结构由原有的工业为主导转变为依赖高附加值的新兴产业形式，如金融、保险、房地产、文化娱乐等。城市空间作为经济活动的载体，需要被重新建设以适应经济部门对空间的新要求。为实现新自由主义的目标，政府制定相应的空间政策使得城市建成环境变得更加具有弹性，以适应资本的流动性需求。现代城市更新表达了城市在应对外部环境的变化而积极转变经济等级与功能、创造新的职能，从而顺利助长资本积累的完成。从这点来说，建立新的积累制度的目标，将城市更新转变成为了一种空间手段和工具[1]（Chu，2002）。

从资本主义全球化来讲，新自由主义重构了资本和国家之间的关系，推崇“增长第一”的城市发展，使得新自由主义变成为“无限开发的乌托邦”（utopia of unlimited exploration）（Pierre Bourdieu，1998）。但是，新自由主义的乌托邦却要求市场要有自己的规则，完全依赖市场规则来进行城市发展。因此，一方面新自由主义政策影响了城市发展；另一方面，城市又成为新自由主义的生产地、试验地——通过城市住区更新等空间来制造和生产市场规则，以及反映新自由主义的城市发展政策。

2. 新马克思主义资本不平衡发展论

在空间政治经济学的基础上，1979 年 Neil Smith 在从资本角度分析内城更新的士绅化现象时，提出了资本的“租隙”理论（rent gap theory）。租隙是指潜在地租水平（potential rent）同地皮使用下实际的资本化地租之间的差额，前者是土地在最高和最佳使用条件下能够被资本化的总量，后者是指当下正被使用的土地的实际资本量[2]（Neil Smith，1979）。就长时段而言，城市某一地块的潜在地租会持续增长，而与此相反的是，该地皮上的建筑物或附属物随着时间的流逝会逐渐老化和破败，甚至由于相对周边地区的空间差异化生产，使其相对价值会越来越低，该地块实际地租被其上的日益破旧的固定资本所绑架。同时，地租征收者或土地所有者为获得更多的实际地租，往往对地面附属物只进行成本最低的维护，

1 Chu Y H. Re-engineering the developmental state in an age of globalization：Taiwan in defiance of neo-liberalism. The China Review，2002，2（1）：29–59

2 Neil Smith. Toward a theory of gentrification a back to the city movement by capital，not people [J]. Journal of the American Planning Association，1979，45（4）：538–585.

如此一来，固定资本折旧导致了实际资本化地租收益减少，而另一方面该地块的潜在地租的预期增值越来越大，现行地租与未来的潜在地租之间的差异即租隙不断增长，从而导致拥有实际地租的居住者与想要拥有潜在地租的开发者之间产生了矛盾。

Smith 不仅运用了马克思的相对地租理论，从固定资本角度解释了马克思所说的超额利润是资本流动的唯一动力，同时又运用了哈维的资本三级循环理论，揭示了资本投向城市建成空间的动力机制。1982 年 Smith 在《经济地理学》杂志上发表文章阐述士绅化与不平衡发展[1]，表达了他对士绅化引起的内城住区更新与资本主义内城不平衡发展之间关系的基本看法：士绅化和城市更新不过是更宏大的不平衡发展过程的前沿领域而已，“我最终确信绅士化是那些更为普遍而又相当具体的空间力量在不同规模上运作的结果：这个过程就是不平衡发展”。

1.2.2 过程：对角色关系的模式探讨

1. 多元主义（Pluralism）

精英主义主导的思想，在第二次世界大战后的西方国家曾经长期占据统治地位，他们认为精英运用其才能和品质缔造着符合自身发展秩序的世界，而普罗大众在以精英竞争冲突为特征的世界中是孤立无援的。而他们恰恰忽视了介于大众和精英之间、将各种制度与大众联系起来的中介组织，即团体组织。多元主义的学者认为，对城市发展影响的政治力量是广泛存在的，并不是由单一少数的权力精英和经济精英所把持。该理论形成于 1961 年 Robert A. Dahl 出版的《谁管理：一个美国城市中的民主和权力》（Who Governs？ Democracy and Power in An American City）。值得关注的是，Dahl 并不是将所有城市个体列入多元主义的因素当中，而强调的是以组织为单位的多元主义，即将过去决策精英主义式的少数垄断扩大至为数众多的精英团体多元化范畴。Dahl 指出，多元团体之间在权力关系上具有竞争性，政治决策就是各种团体之间通过讨价还价并最终达成妥协的过程[2]。因此，根据多元主义理论，在城市开发和城市更新过程中诸如医院、学校等大型的非营利性组织，也是决策过程的重要参与者。

---

1 Neil Smith. Getrificaiton and uneven development [J].Economic Geography，1982，58（2）：139-155.

2 罗伯特·A·达尔 . 现代政治分析 [M]. 上海译文出版社，1987，47.

随着现代市民社会的崛起，以及大众对自身权利意识的苏醒[1,2]（Friedmann，1998；Friedmann，Mike，1998），多元主义已经由早期所指的多元精英主义发展到社会个体的多元化，并逐步发展为西方城市规划领域“自愿型社区更新”时期公众参与的理论基础。Sandercock（1998）曾经批评道：“规划师及有关的政治家都加入到了把‘他们’排除出我们社区的斗争中[3]”，这里所指的“他们”就是那些被称为“少数民族”的少数族裔、女性、同性恋者等。因此，如今多元的范畴已经扩展至社会中与城市更新相关的各类利益群体。

2. 公共选择理论（Public Choice Theory）

该理论探讨个人利益与集体利益在城市开发中的关系。公共选择理论的逻辑起点是“经济人”的概念，它是采用基于“谋求最大发展自我利益”的个人的逻辑演绎方法来研究集体行为，是把经济学方法运用于政治学研究的一种理论[4]，并提出了所谓“经济人”或“理性人”的假设。政治市场中的主体政治家、政客、选民和利益集团，与经济市场中的主体消费者和生产者的行为目标并无差别。政府在城市空间的开发中无可避免地带有自利性倾向；在作出决策的过程中，无论是个人、政府还是开发商，往往更加关注的是自身的利益。因此，城市建设项目往往是少数人得利，而成本却要由大多数人来承担。

公共选择理论为城市规划作为公共政策的属性提供了新的分析视角，在政策尤其是空间开发政策的制定过程中，不仅仅要约束物质空间，规范相应的开发标准以约束开发企业，制定对被迁移居民的补偿政策，而且政府本身也应成为被约束的对象之一。

3. 增长联盟（Growth Coalition）

1970年代以来，西方城市空间更新牢固地建立在私有化意识形态的基础上，它强调政府推出的再开发项目在资金上要实现自我平衡，从而突出了私营部门在空间再生产中的首要角色，以及公共部门在创造有利的投资条件方面的重要作用。

1　Friedmann，John. 1998. The New Political Economy of Planning：The Rise of Civil Society. In Mike Douglass & John Friedmann，eds. Cities for Cities. West　Sussex：John Wiley & Sons.

2　Friedmann，John，Douglass，Mike. 1998. Editors' Introduction. In Mike Douglass & John Friedmann，eds.，Cities For Cities. West Sussex：John Wiley & Sons.

3　Sandercock，L. 1998. Towards Cosmopolis：Planning for Multicultural Cities. John Wiley & Sons.

4　许云霄 . 公共选择理论 [M]. 北京：北京大学出版社，2006.

因此，公共—私人部门合作的增长联盟成为这个时期城市空间生产与再生产运作模式的基本特征。Molotch（1999）认为，增长联盟是以土地为基础的精英联合体，他们通过对空间经济利益的追求而联系在一起，而增长联盟利益的相互作用过程则推动了城市空间的发展。Molotch 和 John Logan（1987）解释了增长机器是围绕城市建立起一种政府与资本的紧密关系，资本与政府的联盟首先是在城市层面上被缔结的。在西方资本主义国家尤其是美国，资本从来就是社区的重要建设者，这种资本嵌入地方（社区）的过程，形成了美国式的政治推销主义（civic boosterism）。尽管这种观点过多地强调资本的固定性，而在全球化时代却忽视了资本的流动性，但它指出了城市政体的本质：城市空间商品化或可交换程度是确定增长机器能力的决定性因素[1]。换而言之，通过城市更新来实现土地投机可能性是增长联盟获得私利的保证。

这种空间再生产的运作过程与新自由主义的“新城市政策（NUP）”有关，这种新城市政策执行以多精英决策、少民主参与监督为特征，是典型的“中上层阶级”精英政治的产物。尽管在精英决策之外的草根运动，作为一支非结构性的政治力量会致力于转变决定空间再生产的运作过程与政治轨迹，朝向一种推进地方公众参与、对被剥夺社会群体进行合理补偿的路径，但是在城市空间再生产过程中地方民主参与机制并未得到有效的执行，或未被以正规的方式采用，从而导致了一种建立在资本与权力基础上的新精英权力独裁。

该理论最重要之处是揭示了城市空间具有的双重价值，即使用价值和交换价值。基于城市空间是可进行交换的“商品”这个前提假设，增长机器理论通过交换价值和使用价值的错位关系来揭示空间的矛盾。所谓使用价值，是空间的实际使用者在使用过程中所体现和追求的价值；而交换价值则是城市空间或者土地通过市场过程获得经济利益，交换价值通常是被政客和开发企业所攫取的目标。

中国自 1988 年起开始实施以土地市场为基础的政治经济运作机制，地方政府与城市中的各种商业开发团体形成了共同的增长联盟，开始将土地转化为地方经济发展的资源[2]。城市土地开发成为热潮，也引起了国内外学者的热议，通过增长机器理论来分析城市经济发展以及城市更新过程中的动力机制，成为重要的研

1 Zhang, T. Urban development and a socialist pro-growth coalition in Shanghai [J]. Urban Affairs Review, 2002 (4): 475-499.

2 Zhu, J. Local growth coalition: The context and implications of China's gradualist urban land reforms [J]. International Journal of Urban and Regional Research, 1999 (3): 534-548.

究内容（张京祥，2007；罗小龙，2006；张庭伟，2002）。

4. 城市政体理论（Urban Regime Theory）

城市政体理论是指“非正式的”（相对于正式选举的市政府而言）治理城市的联盟机制，在西方社会语境下主要包括政府（权力）、市场（资源）和社会（市民—选民）三大群体，三者之间的两两联合或排斥则组成了不同的政体[1]。它是被用来分析城市再开发项目内部及围绕地方政府的各种力量之间联合关系的重要理论，从而阐释城市再开发过程中的动力机制。相较于增长机器理论，它是从更广泛意义上来分析城市的发展过程。它试图从构成城市政体的各种社会力量所掌握的各类权力及资源的角度，来揭示城市发展策略的整体形成、决策过程及相应影响。根据城市更新的发展过程，Fainstein.N.I 和 Fainstein.S.S（1986）将城市政体分为三类：一类是直接型政体（Directive Regimes），1950 年代美国联邦政府的城市更新政策是联邦政府财政支持的大尺度再开发项目，因此项目由政府和发展商合作，被精英直接控制，因此它是自上而下的城市更新政策；一类是让步型政体（Concessionary Regimes），1960 年代推倒式的城市更新引发了反对者们一系列的民权运动和种族骚乱，政府虽然依然受到商业力量的控制，但是愿意为了社会稳定作出必要的让步并支付主要成本；一类是保守型政体（Conserving Regimes），1970 年代，由于石油危机，人们对经济发展的渴望使得商业力量重新掌握政治主动权，贫困阶级在城市发展中的影响力减退，资本所有者及精英阶层的利益被重新受到重视。总之，不同的政体利益决定了制定、实施城市发展政策的不同方式与价值取向[2]。

中国的规划学者更多将城市政体的研究焦点集中在以中国特色的城市治理、城市经营等问题方面（褚大建，2005；顾朝林，2002，沈建法，2001；吴缚龙，2002），揭示在中国转型背景下政府、市场、社会在推动城市发展过程中的相互作用，以及三者中次级政体之间的交互作用（仇保兴，2004；张京祥，2002；赵燕菁，2002；何深静，2008），同时也产生了对现有城市政体下产生的城市经营及其相应影响的批判性研究（陈鹏，2004；林家彬，2004）。

1　张庭伟 . 新自由主义，城市经营，城市治理，城市竞争力 [J]. 城市规划，2004（5）：43-50.

2　Mossberger，K.，Stoker，G.. The evolution of urban regime theory：The challenge of conceptualization [J]. Urban Affaires Review，2001（6）：810-835.

1.2.3 结果：对社会空间变化的理论探讨

1. 非志愿性移民（involuntary displacements）

根据世界银行的定义，因水库、铁路、公路、运河、机场、工厂以及扩建城市等占用土地的计划所引发之移民，这些都是所谓的非志愿性移民。Cernea（2000）指出，在过去的20年当中，在全球每一年中因为发展计划而导致的移民达到1000万人。此外，从中国面广量大的“城中村”这类被边缘化的都市空间中，可以看到在城乡二元制度作用下中国大量农民移入城市边缘，自食其力地寻找居住空间（Wu，2003），他们也是“中国特色”的一种非志愿性移民。国际学者对非志愿性移民的研究热点在于如何预测其迁移风险以及如何安置、重建移民生活，他们将由国家特定政策控制下所产生的人口迁移也归属于非志愿性移民的分类，从而将对非志愿性移民的研究视角延伸到了因城市发展而对都市贫困人口进行空间剥夺的领域。

中国因大规模城市更新所产生的大量非志愿性移民，也日益成为国际学者关注的焦点。Fulong Wu（2004）指出，当前造成中国城市内居住迁移的主要原因有：公共建设的发展与房地产计划的再开发；工作单位的住房重新安排；因为要改善住房的空间以及居住的环境等，其中最后一项可以被作为志愿的，而前两者则是非志愿的因素。通过对非志愿移民迁移原因的分析，可以揭示出当前中国从过去国家福利分配体制向市场利益取向转变的城市空间再分配的变迁过程（Li，2004）。

2. 城市贫困（Urban Poverty）

在资本主义体制下，城市的少数族群移民与都市贫穷的问题往往联系在一起，如美国的都市贫民窟实际上是种族主义制度化的结果。城市贫困通常都表现为城市化所造成的城乡移民，或是对都市贫民、底层阶级所聚居的社区或“简陋地带”再开发建设，导致少数族群或者贫困人口搬离原有居住区域的现象。如果从城市更新的角度来看待都市贫民窟时，多半会将之视为城市的“毒瘤”，欲除之而后快，由此常常会导致产生推土机式的空间再开发行动。

马克思主义对城市贫困的解释则是基于对资本主义生产过程的研究，指出了资本主义城市贫困问题产生的根源在于资本社会与经济制度的不合理性。资本积累过程中，资本家为获取更多的剩余价值，不断提高劳动生产力、改进技术水平，使资本有机构成不断提高，从而造成劳动力相对过剩，而“在社会的增长状态中，工人的毁灭和贫困化是他们劳动的产物和生产的财富的产物。就是说，贫困从现代劳动本身的本质中产生出来”(Marx，1844)。

但是从1990年代开始，西方学者开始倾向于运用新城市贫困的概念（New Urban Poverty），主要运用经济重构以及由此产生的城市社会空间重构，来解释西方城市贫困的产生[1]。尤其是自1970年代中期以来，经济重构、社会转型以及相伴而生的空间重构、产业重构、就业系统重构和社会福利制度的变革，构成了新城市贫困产生的宏观背景。Wu（2008）指出，西方研究城市贫困有三种最主要的视角：一是经济结构的转型，受后福特主义弹性生产和伴随全球化的影响，老工业区在去工业化的过程中，城市产业更新导致工作岗位的消失；二是福利制度的缩减，由于凯恩斯福利主义国家政策被新自由主义所取代，结束了大工业、大国家的模式；三是公共政策特别是住房政策的变化，所导致的公屋区中贫困人口聚集等。

自1990年代以来，中国也经历了一系列的经济市场化改革，但是与西方国家不同的是，中国被更新的城市住区多分布在城市中心区，这些住区中的居民多是并不富裕的工薪阶层，但也被纳入了新都市贫困的范畴（Wu，2004）。Liu和Wu（2006）基于对南京低收入社区的研究，总结了中国新城市贫困的类型和空间集聚特征，指出中国城市有三种典型的贫困社区：旧城区衰败居住区、衰落的工人新村、农民工聚居区或城中村。他们认为，城市贫困的集聚与政府主导的城市发展模式和住房供应体制紧密相关，它们更多是在市场经济转型的脉络下产生的，因制度转型而瓦解了过去以工作单位为基础的社会福利体制，进而指出由于城市转型以及政治经济发展的转型而造成的都市贫穷，至少占据了总量的3% ~ 5%左右[2]。与此同时，1990年代开始的大规模旧城改造运动，使得这些贫困人口的处境更是雪上加霜，由此引发了尖锐的社会冲突、社会排斥与社会不正义现象。

3. 士绅化（Gentrification）

士绅化研究在西方文献中已经研究有40余年之久，相关文献已经相当丰富，

1　Mingione E. Urban Poverty in the Advanced Industrial World：Concepts，Analysis and Debates[A]. In：Mingione E. Urban Poverty and the Underclass[M]. Oxford：Blackwell，1996

2　Liu Y T，F L Wu. The State，Institutional Transition and the Creation of New Urban Poverty in China [J]. Social Policy & Administration，2006b，40（2）：121-137.

从 1964 年 RuthGlass 首创士绅化的名词开始，士绅化本质上就被看作是城市更新过程中对城市中心空间重构的结果，它所带来的不公平以及对弱势群体的动迁就一直被讨论。在旧城改造之中，处于强势地位的中产阶层和资产阶级赶走了那些不受欢迎的低收入阶层，并重新“光复”和掌控内城的空间[1]（Neil Smith，1996）。相反，原住民中的贫困人群则失去了土地和房屋，被安置到郊区或更远的地方，在大大增加通勤成本的同时，所得到工作的机会也大大减少，在一定程度上加剧了他们的贫困和隔离状态[2]（吴启焰，2007）。

而促成这一现象的原因涉及两个主要的驱动力量：一个是全球化的资本流动，另一个则是地方经济制度转换的结果（Wu，2002）。对于那些所谓全球城市而言，伴随着以金融、保险、房地产为代表的高端服务行业在中心区高度集聚，经过旧城改造，城市中心区被商业性的房地产开发商重新组装，被迁出的工业企业和仓库区原址则变成了高档住宅的诞生地[3,4,5]（HamnettC，2000；吴国兵，2000；孟延春，2000）。大量高收入的雇员被吸引到中心城区居住，导致了对已建成用地的再开发和社群的中产阶级化。对于地方城市而言，由于受到新自由主义的影响，政府已经由“管理型”向“企业型”转变（Harvey，2001），政府与私人企业形成公私合作的伙伴关系，积极地投身于内城的再开发和中产阶级化过程之中。

Neil Smith 通过对西方城市绅士化三次浪潮的时间分类总结指出，引起士绅化是由于国家角色的转型、全球资本的嵌入和政治地位的改变，以及地理区域的扩散和部分区域的私有化集中而造成的。Neil Smith 将传统的绅士化过程描述为中产阶级置业者、土地所有者与职业地产开发商对于工人阶级居住邻里进行占有和取代的过程。传统绅士化过程中有两大特点最为突出：一是资本力量对于内城工人阶级社区的修缮与更新；二是中产阶级居民对于社区原居民的置换作用。因此判断士绅化有两个重要的要素：一是邻里的物质性改善，二是穷人的搬出和富人的搬入。Neil Smith 指出，虽然士绅化的概念从来都没有一致过，但是它无疑已经一直与城市空间景观的改造和经济的复兴相关联。当代的士绅化是士绅化的第三次高潮，从 1993 年之后开始它已经在各种地区以各种形式发展开来。它具

1 Smith N.The new urban frontier：gentrification and the revanchist city[M]，London：Routledge，1996.

2 吴启焰，罗艳．中西方城市中产阶级化的对比研究 [J]. 城市规划，2007，31（8）：30-35.

3 Hamnett C. Gentrification，Postindustrial and Occupational Restructuring in Global Cities.A Comparison to the City[M].Blackwell Publisher，2000.

4 吴国兵，刘均宇．中外城市郊区化的比较 [J]. 城市规划，2000（8）：36-39.

5 孟延春．旧城改造中的中产阶层化现象 [J]. 城市规划汇刊，2000（1）：48-52.

有与传统士绅化不同的特征。一是全球化的士绅化[1]（Atkinson and Bridge，2003）不仅仅在欧洲，也在亚洲、南美等非英语国家蔓延开来；第二个特征是士绅化已经不仅局限于在城市中心，已经涉及中心城市的外围地区和郊区[2]（Smith and Filippis，1999；Hackworth and Smith，2001）甚至是农村地区，因此士绅化又被称作绿色农村士绅现象（greentrifiedrurality）[3,4]（Mark Davidson，Loretta Lees，2005）。第三个特征是士绅化也不局限在邻里居住的替代，已经发展到商业、消费以及再投资领域，被称作"超级士绅化"（supergentrification）（例如对迎合中产阶级口味的商业空间的塑造）。因此士绅化已经成为一种全球的城市发展策略[5]（Smith，2002）。而在当代中国城市，士绅化现象也已经不再是个新鲜的话题，伴随着大量巨大规模的城市更新，通过城市中心区的空间再开发以极大地提升物业价值从而造成的被动士绅化过程，是转型期中国最主要的绅士化现象[6]（张京祥等，2009）。

1.2.4　评判标准：对城市住区更新的衡量

关于各个阶段、各种运作模式下城市住区更新的经济社会实绩评估，一直是国际学界的重要研究领域。相关研究认为，尽管在大规模贫民窟清理阶段，政府对城市空间再生产进行了大量的投资，极大改善了人们的物质居住条件，但是由于操作方式欠缺考虑，也导致了传统社区的有机性招致破坏，产生了非人性的大街区，进而蜕变为滋生犯罪的温床等社会问题（Hartman，1971）。社会修复更新阶段的空间再生产实践，对依托社区更新以解决社会问题的方法作出了积极的探索，产生了长期、积极的影响，但是由于受到多种因素与可实施条件的限制，这种住区更新不可避免地产生了"承诺与实际绩效之间的巨大的鸿沟"（Frieden，1975）。而基于市场机制的空间再生产方式备受争议，尽管这类更新项目在商业

1　Atkinson R.Introduction：misunderstood saviour or vengeful wrecker? The many meaningsand problems of gentrification [J]. Urban Studies，2003（40）：2343-2350.

2　Hackworth J，Smith N. The changing state of gentrification [J]. Tijdschrift voor Economischeen Sociale Geografie，2001（22）：464-477.

3　Mark Davidson，Loretta Lees. New-build `gentrification' and London's riverside renaissance [J]. Environment and Planning A，2005（37）：1165-1190.

4　Smith N，De Filippis J. The reassertion of economics：1990 gentrification in the Lower East Side [J]. International Journal of Urban and Regional Research，1999（23）：638-653.

5　Smith N. New globalism，new urbanism：gentrification as global urban strategy [J]. Antipode，2002（34）：427-450.

6　张京祥，邓化媛．解读城市近现代风貌型消费空间的塑造——基于空间生产理论的分析 [J]. 国际城市规划，2009，24（1）：43-47.

运作上是成功的，它们吸引了更多的投资者、本地消费者以及旅游者，增加了地方的税收，塑造了城市的良好形象（Loftman，2001），但是这种公私联盟的再生产方式产生了利益与责任之间的矛盾（Sagalyn，1990）——投资者和政府享有空间再生产的几乎所有好处，而更普遍的社会责任与经济风险则基本由当地普通民众买单。有关对这种空间再生产模式下利益分配与再分配的研究发现，城市更新过程普遍拉大了社会阶层间的收入差距，决策者所宣称的“涓滴效应”（城市经济与形象的增进效应将使得城市中广大居民受惠）实际上是不成立的，相反，更新过程所造成的二元城市、冲突的城市则快速增加（Marcuse，1993）。在这些城市中，城市复兴的孤岛被更大的贫困海洋所包围（Berry，1985）。相关研究也认为，政府与商业精英合作推动的大量城市更新项目是导致中国城市贫困加剧的重要原因之一（刘玉亭，2006；袁媛等，2009）。

对城市更新绩效的“好”与“坏”衡量，很难有绝对的标准，即使是相对标准也很难确立。从一般的意义上说，评判标准希望能够达到人、社会、空间、环境的一种合理关系和秩序。而在城市更新问题上，存在着空间资源稀缺性以及多利益主体的不同价值选择，所以构成了多元化、差异化的评判环境。正如哈维所言：“每一个维度均有各自的评判依据，每一种都有各自的逻辑和规则，令人眼花缭乱而迷惑。但这仍缺乏立场，因为对于同一城市更新事件存在着多种高度分化的主张。”（哈维，1973）。哈维进而提出，以下七个主张是从不同方面对城市更新绩效进行评判[1]的重要考量：（1）追求效率的主张。比如在旧城区拓宽道路旨在缓解交通拥堵，促进整个城市以及遍及这个地区物流和人流更快捷的流动。（2）追求经济增长的主张。比如通过地块的置换，将居住用地变更为商业用地，创造了更多的财富与就业机会；政府也可通过这种运营获得可观的财政收入。（3）保护美学和历史遗产的主张。他们往往反对城市更新，认为有吸引力和历史价值的城市环境将受到不可复原性的打击。（4）邻里关系的主张（neighborhood and communitarian）。认为城市更新可能摧毁、分裂或扰乱了原有社区及社会关系。（5）环境保护的主张。比如修建快速路将带来严重的空气污染与噪声污染，破坏居住环境。（6）分配正义的主张。更加关注城市更新的利益分配问题。（7）邻居情谊和社群主义的主张。认为城市更新可能摧毁、分裂或扰乱紧密相连但是在其

---

1 David Harvey. Social justice, postmodernism and the city[J]. International Journal of Urban and Regional Research, 1992（16）:，588-601 这里哈维是用巴尔的摩城市新建高速公路的实证案例对各种城市更新的主张进行的说明。

他方面却很脆弱、敏感的社区。

国内学者也多以弹性评判的原则对城市住区更新的目的（主张）、效果进行了论述。如范文兵（2004）对上海里弄这一富有地域特色的城市空间给予了高度关注，他提出保护与更新里弄需要遵循六条基本原则，即综合平衡原则、整体协调原则、有机发展原则、动态发展原则、公平公正原则、弹性原则。张其邦、马武定等（2006）提出了空间维、时间维、程度维三个维度，以全面、客观衡量城市更新的效果，并指出更新“度”具有相对性——针对城市发展的不同阶段和改造对象的独特性，更新的方法、措施不同，“度”也不同。

1.3　西方城市住区更新实践进展

西方不同国家的发展阶段和体制不尽相同，其住区更新的实践推进时间也不完全相同，但无疑总体上都是以第二次世界大战后为起点，且都经历了大规模的住区建设时期、住区私有化进程推进时期，以及对现有社会住房问题地区更新改造的实践阶段，并与当时的政治经济背景结合表现出西方特有的实践方式(表1-2)。

西方城市住区更新进程　　表1-2

更新主题	私人住房被社会住房取代	市场导向的更新及住房私有化	邻里复兴	住房混合与社会融合
起始时间	1930年代	1970年代	1980年代末	2000年以来
更新背景	第二次世界大战后凯恩斯主义主导以及私人投资的缺乏	解决住房短缺问题，促进经济的复兴与自由市场的建立	住区分异加剧，通过推行房地产开放式的更新和城市住区建设模式促进了经济的回升，将政府从财政负担重解脱出来	面对全球化移民和人口流动，对种族隔离问题的日渐重视
主要方式	大规模推倒私人住房，在此基础上以社会住房建设为主，国家负责分配	社会住房的私有化，以及房地产导向型的住区更新	更加注重邻里的混合性，弱化居住隔离；更加关注弱势群体的居住条件及住房的可获得性	一方面调整土地供给以避免绝对的居住隔离；另一方面将中产阶级纳入社会住房供应体系
主要力量	国家及地方政府	地方政府，开发商	国家和地方政府	国家和地方政府
产生结果	建设非人性的大社会住房街区，后来成为滋生社会犯罪的温床	大量社会住房成为私人住房，以补贴形式出售，导致贫困阶层空间集聚	促进居住地域的社会融合成为普遍共识，住房社会保障体系更加完善。但是士绅化的城市更新也招致强烈的批评	居住地域上得到一定程度的融合，但是不同族群之间的隔离则深刻地表现在社会领域的各个方面

1.3.1 第二次世界大战后大规模的住区更新：社会住房建设占据主导

西方学术界一般都将 1930 ～ 1960 年代的大规模城市更新概括为推倒重建的更新实践阶段。推倒重建的城市更新实践由公共权力部门主导（凯恩斯主义福利政府），以大规模推倒与清理贫民窟（这些贫民窟大多是私人住房），再在其基础上进行大规模重建为基本特征。现有的中文文献更多的是从第二次世界大战后来探讨住区更新[1,2,3]，这些研究指出，一方面是由于第二次世界大战后人口急速上升，住房问题成为这段时期西方城市化发展中的重要问题；另一方面，大规模的住区更新是因为战后城市衰败的物质结构，以及与当时的经济、政治文化环境（如凯恩斯主义福利国家政策的推行、现代主义美学的盛行）具有密切的关系。

事实上，从对西方文献的研究中可以发现，第二次世界大战后造成住区大规模更新的原因主要是由于人口增长恢复，面对家庭人口规模的上升、城市化和大量移民导致住房的紧缺、战后亟待解决的军人安置等问题，政府不得不将原有的破败地区进行更新，并重启因战争一度停止的住房建设[4]，其实践主体主要是各级政府以及非营利性的住房协会等组织。为了迅速改善第二次世界大战后的住房问题和过于破败的住房条件，这一阶段的清理与重建规模都是十分庞大的，大多数被拆除的住房单元都是低矮且条件极差的私人住房，而新建的公寓都是大体量、大规模的社会住房。第二次世界大战后的欧洲国家普遍实施凯恩斯主义的管理模式，缺乏私人投资的参与，因此新建的社会住房主要由政府出资建设、管理及维护，并以低廉的租赁价格保证城市家庭有房居住。总之，第二次世界大战后社会住房以低廉的价格和良好的居住条件，取代了私人住房和私人租赁住房而成为住区更新后的主体（西欧社会住房主要以租赁形式为主）。由此可见，欧洲国家大规模的城市贫民窟清理主要是为了解决第二次世界大战所导致的功能衰败、物质环境衰败问题，而并非去清理真正意义上的贫民阶级住区（欧洲与美国的情况有所不同）。住区更新、社会住房建设成为第二次世界大战后凯恩斯福利国家政府职能与公共福利的主题，并得到了相关法律的保障，如英国 1930 年的格林伍德

---

1 董玛力，陈田，王丽艳，西方城市更新发展历程和政策演变 [J]. 人文地理，2009，24（5）：42-46.

2 汤晋，罗海明，孔莉 . 西方城市更新运动及其法制建设过程对我国的启示 [J]. 国际城市规划，2007，22（4）：33-36.

3 王兰，刘刚 . 20 世纪下半叶美国城市更新中的角色关系变迁 [J]. 国际城市规划，2007，22（4）：21-26.

4 Ball，M. European Housing Review [M]. Brussels，Belgium：Royal Institution of Chartered Surveyors（RICS），2008.

法案[1]（Short，1982），荷兰 1947 年住房分配法与 1950 年对住房法的修正，以及美国 1949 年立法案，等等，这些法律都明确了政府在所有家庭获得体面和可支付住房方面负有的公共责任，它客观上促进了第二次世界大战后住房短缺问题得以迅速解决。图 1-1 为第二次世界大战后荷兰建设的社会住房。

图 1–1　第二次世界大战后荷兰建设的社会住房（使用面积在 40 ~ 60m^2）

在欧洲国家，除了各级政府责任外，住房协会组织（housing association）在住区更新、社会住房建设中也起到了不可磨灭的作用。住房协会是多数西欧国家都拥有的非营利性住房组织，第二次世界大战后相当长的时间内依托政府鼓励社会住房建设的政策，它们可以从政府获得资金和廉价的土地租金、出让金来维持社会住房的建设和管理。住房协会具有显著的二元属性特点：组织的私人化，费用来源的政府化公共化。以私人组织来承担公共责任，住房协会在城市住区更新中发挥了更多的积极作用，它们在相当程度上取代了政府，承担了大规模社会住房建设的公共责任；而作为非营利性组织，住房协会有效地分担了政府在住房建设方面的负担，同时也控制了社会住房租赁市场的供给与价格。

但是由于欠缺综合考虑，这一时期大规模推倒重建的更新方式也引致了一系列问题，如：(1) 忽视了被拆迁者与重新安置者所遭受的巨大心理成本与损失，导致了原来社区的社会有机网络被破坏；(2) 重建的新社区缺乏人性化的设计理念，

1　Short J R. Housing in Britain：the post-war experience [M]. Methuen，London.1982.

往往形成了非人性的大社会住房街区，并不适宜于家庭生活，特别不适用于贫困家庭的生活，实践证明这种非人性大街区后来还成为了滋生社会犯罪的温床[1, 2, 3]，等等（Wilmott and Young，1957；Gans，1962；Hartman，1971）。

1.3.2 市场导向的住区更新与住房私有化（Right-to-Buy）

1970年代开始全球范围的经济下滑和全球化经济调整，对西方国家经济增长造成了极大冲击，政府背上沉重财政负担。英国首相撒切尔、美国总统里根大力推行反国家经济统治的新自由主义政策，受其影响，房地产导向下的城市更新政策成为刺激地方经济增长和促进私有投资、摆脱政府财政压力的有效方式。其次，住房短缺问题已经不再那么显著，社会住房已经失去了其第二次世界大战后的统治地位而让位于“拥有住房”的需求，西欧国家的住房体系私有化改造业已开始。住房私有化成为另一种住区产权变更模式的更新，政府政策鼓励私人购买拥有那些原属于政府管理或住房协会管理的公共住房部分，从社会拥有转为私人拥有的鼓励政策，不仅仅针对有支付能力的家庭，而且对于那些长期租住社会租赁住房的低收入住户，政府会以资金补贴的方式促使其私有化[4]（Bramley，Morgan，1998），从而实现住房产权的更新过渡，以达到减轻政府财政负担和让市场来承担更多的更新工作。

在这一背景下，1980年代成为欧洲住房体制的重要转型期（housing transition）。英国的公共住房包括地方政府当局公房、新城镇住房和住房协会住房等，1980年时英国的公房共有672万套，占全部住宅量的32%。撒切尔夫人执政后，英国政府开始实施“民有其屋”计划，积极推进住房私有化，政府通过法律以及补贴60%的方式赋予并扩大居民购买公共住房的权利。英国先后颁布了1980年《住房法》、1984年《住房和建筑控制法》、1984年《住房缺陷法》等促进个人拥有住房权的政策实施，英国的住房自有率也从1980年的55%增加到1991年的68%。

需要说明的是，由于各国原有房屋的权属体制不同，导致住房私有化实施和完成的进程也不尽相同。Murie等人的研究，将住房产权的私有化更新改造分为以英国、中东欧和荷兰为代表的三种方式[5]（表1-3）。英国原先的社会住房主要由政府当

---

1 Wilmott, P., Young, M. Family and kinship in east London[M]. Routledge and Kegan Paul, London. 1957.

2 Gans, H. J. The urban villagers: group and class in the life of Italian-American[M]. The Free Press, New York, 1962.

3 Hartman, C. Relocation: illusory promises and no relief [J]. Virginia Law Review 1971, 57 (6): 745-817.

4 Bramley, G. and Morgan, J. Low Cost Home Ownership Initiatives in the UK. Housing Studies, 1998, 13, 4, 567-586.

5 Alan Murie, etl. Privatization and after. http://pdc.ceu.hu/archive/00005315/01/Privatisation_and_after.pdf

局所有，因此在实施私有化产权更新时相对顺利。而在以私人住房协会为主要社会住房拥有者的荷兰、德国、丹麦等西欧国家，住房私有化更新改造的道路并不顺畅。由图 1-2 可以看出，荷兰、德国、英国等在私有化改造后，社会住房比例依然很高。社会住房的产权私有化更新，使得住房由地方政府分配为主转向了市场调节为主[1]。

20世纪80年代开始的住房私有化进程在西方的三种典型方式　　表1-3

国别	英国	中东欧		荷兰
		匈牙利	斯洛文尼亚	
起始年份	1980年	1993年	1991年	1990年代、2000年全面实施
私有化起点	32%的社会住房，大多归地方政府所有	19%的国有社会住房，首都布达佩斯比例高达61%	33%的社会住房	1990年32%的社会住房，2000年比例为37%
执行方式	持续的私有化过程	突击式私有化过程	突击式私有化过程	以房主管理为主的渐进过程
政策实施	将社会住房出售给个人，多数为当时居住者	国有转为地方所有	国有转为地方所有	停止给私人住房协会公共财政补贴，扩大个人住房拥有率
执行结果	30%以上的住房出售给个人	70%的住房在1990年代中期被出售	两年内64%的住房被出售	在四年内仅4%～5%被售出
受益者	中等及中低收入家庭	除极为贫困的家庭外	当时社会租房的居住者	由于由房主（政府或住房协会）选择和管理，因此并不明确

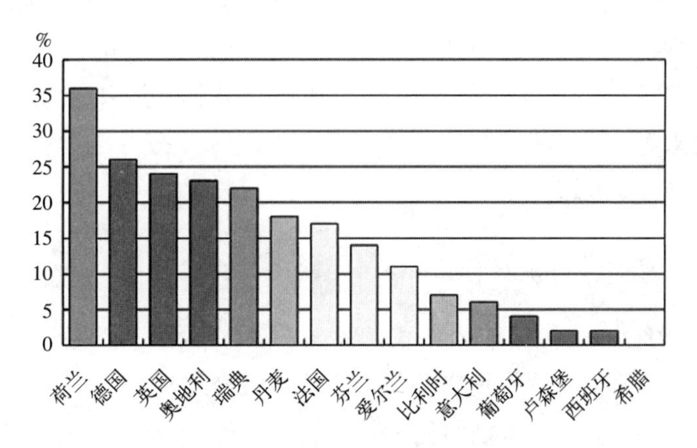

图 1-2　住房私有化时期之后的各国社会住房的比例（1996 年）

数据来源：引自参考文献 [39]

1　Peter Boelhouwer, Harry van der Heijden. Social housing in Western Europe in the nineties. Housing and the Built Environment, 1994, 9（4）: 331-342.

然而，由于right-to-buy政策的实施，那些大量由社会住房转变成的私人住房成为少数族裔和低收入群体集中的地方，中产阶级离开原来的市中心，导致市中心的居住低贫化（Hamnett，1991；2001；Forrest and Murie，1990），这也成为促使欧洲郊区化进程的起因之一。

1.3.3 邻里复兴：由“量”过渡到“质”

西方国家住房制度私有化改革之后，由于公共投资的下降、住房短缺问题基本解决，以及通过推行房地产开发方式的更新，城市住区建设促进了经济的回升，使得政府很大程度上被从住房维护管理等财政负担中解脱出来，房屋拥有者的自我更新和政府针对特殊需要地区的更新成为城市住区更新的主角，住区更新的重点也从“量”过渡到“质”。这种住区更新“质”的转变包括两点：一是更加注重邻里的混合性，防止产生或加剧居住隔离；二是更加关注弱势群体的居住条件及住房的可获得性。此时，政府也从凯恩斯主义的政府干预体制走向了市场机制，政府投资从全方位转向了对特殊领域的关注，在住房投资领域则更多是向弱势群体集中（Boelhouwer等，1994），并在大多数的住区更新中发展积极的公众参与。因此，在20世纪90年代住区更新中面临的两个主要问题是：一是持续不断地为低收入家庭提供住房，并注重质量的提高，如每套单元住宅的平均使用面积在100m^{2}以上，三居室、四居室以上的高标准单元套房所占比例也越来越高，大多数国家达到70%以上，爱尔兰和比利时甚至分别达98%和93%[1]；另一个是改进住房补贴投入的方式，如荷兰政府对租赁住房的租金补贴由过去的“补砖头”（对住房协会的建设补贴）改为直接对租房者补贴，住房购买者的津贴形式主要通过银行金融机构来实现。

1.3.4 当代西方住区更新的主题：住房混合和社会融合

进入21世纪，随着全球化和城市复兴发展的理念改变，以及欧洲本身自工业化以来一直延续着的种族隔离问题，使得“混合居住与社会融合”成为西欧国家城市住区更新的主要政策指向（表1-4）。以英国为例，1995年的白皮书明确指出，“可持续的社区是房屋拥有者和租户彼此比邻”，直接指明了要促进社区的社会融合性和混合性。2001年制定的国家战略行动规划（the National strategy Action

1 周伟.西方发达国家的住房市场和住房政策[J].外国经济与管理，1993（2）：15-18.

20世纪90年代以来针对住房多样化和社会融合的主要城市更新政策　　表1-4

英国		
年份	政策名	针对住区多样化的主要政策表述
1991	DoE	集中更新衰败的房地产
1995	白皮书（white paper）	可持续的社区是房屋拥有者和租户彼此比邻
2001	国家战略行动计划（the National strategy Action Plan）	在物质和社会双方面强调社区融合关系
2000	白皮书“持续的更新”	促进同一区域高收入社会租户的进入以增强多样性；多样化可能会降低社会住房的空置率
2000	绿皮书“所有人的质量和选择”	通过改变地方政策来促进新的住区的融合
荷兰		
1997	城市更新政策Urban Renewal Policy	增加住区环境的多样化，扩大同一地区住房市场的人群范围
2000	人民的需要和居住What people want, where people live	从对住房市场影响的关注转变为对住房机会的关注，只要住房选择机会多，和谐的邻里社会结构就不会成为问题。多样性问题也应该将富有家庭考虑在内，在同一区域中提供更高质量的住房，以促进同一地区的多样性
2000	城市更新法urban renewal Act	加强社会融合不仅仅是多样化，也是对社会和经济同时更新的要求
2003	联合协议Coalition Agreement	重新强调了对于人口组成不平衡地区即弱势群体集中地区的多样化需要

Plan）强调了社区在物质和社会两个维度的融合问题，住房选择的多样化和住区内人群构成的多样化成为住区更新的首要目标。欧洲的社会住房也不再是仅仅为贫穷者提供基本居住的功能，而且也将中产阶级纳入其中，通过提供更高质量的住房和针对不同收入群体的补贴政策来促进混合居住。

1.4　本书的研究方法和研究框架

1.4.1　研究内容、方法和框架

1. 研究内容

中国的城市更新无疑是世界上规模最庞大、速度最快、问题最为突出的实践之一，但国内学术界对城市更新（包括住区更新）的研究过于重视实用主义经验，而对于转型的背景下城市住区更新的系统研究较少，如对其动力机制缺乏深入的

探讨，特别是政治经济层面的分析。此外，总体缺少批判性的声音，多数有关城市或住区更新的文献是更为实用和技术性的，少量的批判也仅仅是针对结果进行的反思，而没有意识到城市更新过程本身就应该成为批判研究的对象。当然，批判研究的本质意义不在于简单的否定，而在于通过更为客观的研究，为从更新发端到结果的过程中暴露的问题提供更具根本性与建设性的解决途径。

本书的研究试图将空间置于新马克思主义的分析视角之下，通过城市住区更新中三种典型的空间生产实践案例，即文化的空间生产、资本的空间生产、边缘空间的生产，从而深入剖析城市住区更新中的各类问题：资本、权力等究竟是如何在住区更新中作用的？又是如何将住区更新演变为不正义的空间生产过程？这些将成为本书批判研究的重点。此外，城市住区更新并不仅仅是对空间的改造和地租价值的提高，列斐伏尔强调“空间生产是生产关系的再生产”，那么作为社会关系的承载者和反映者，各类住区更新中的参与主体之间的生产关系在更新过程中发生了何种变化？居民的日常生活是如何被冠以“住区更新”的名义而被剥夺的？新的边缘空间如何为城市中心地区的空间生产服务？上述城市住区更新的问题本身并不仅仅是由于当代背景所造成的，它与城市发展的长期路径有关，也与当地的政治经济背景和地理环境密不可分，因此，回避这些根本性而去谈解决方法则如同隔靴搔痒。寻求根本的解决之道，必须从其发端背景及历史路径出发，深入讨论问题背后的深刻机制，由此建立起新的更新替代方案，这些将成为本书研究的主要内容。

2. 研究方法和框架

（1）理论演绎法

1）空间叙事方法：以空间的更新变化而非时间变化为主要线索，讲述城市住区更新的空间生产过程。虽然空间和时间有交替重叠的部分，或者说空间的更新变化是随着时间演进的，但本书的研究试图打破时间主轴而建立起空间更新变化的主轴。

2）空间生产的三元辩证分析方法：以列斐伏尔提出的空间的实践、再现的空间、空间的再现为主要分析方法，对由资本权力控制下的住区空间更新前后空间实践和居民日常空间实践的过程进行深入解析。尝试提出适合本研究的空间三元辩证的分析框架（图 1-3），这并不是将三元性进行孤立分析，它们本身就是彼此渗透的，在实证分析中将促进我们更好地找到重点解析的方向。

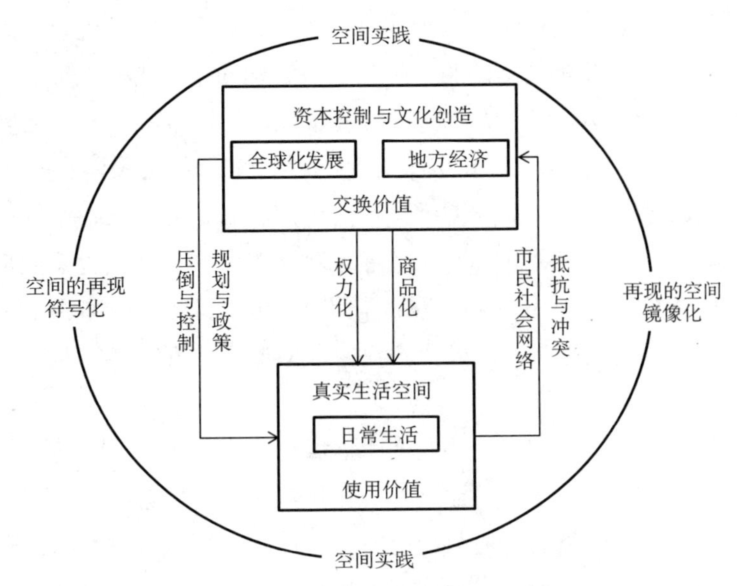

图 1-3　本研究对空间生产理论演绎的框架

（2）实证分析法

运用实证主义研究方法，从实证分析角度分析具体案例中住区更新的空间生产过程。贯穿全文的实证逻辑包括：一是资本和权力如何通过空间的生产而生产；二是社会关系如何生产；三是资本利用空间的差异性来生产同质性空间的矛盾；四是碎化的空间产生的排斥性等。实证分析法主要通过以下具体方法展开。

1）深度个案访谈：对案例的参与主体进行多轮深度访谈，了解他们在住区更新中的诉求、看法、态度与信念等，及其在空间生产中的生产关系变化和角色作用。

2）抽样问卷调查：针对典型城市住区更新项目，对主要利益参与者（原住民、安置居民等）进行相应的抽样问卷调查，为深入的定量研究提供一手基础数据来源。

3）模型建构：从微观视角解析住区更新的空间生产过程的社会差异。针对因住区更新而被安置的居民在补偿方面的差异进行模型建构，分析补偿的内在分层以及背后的原因。

1.4.2　三个实证案例的选择与调查基本情况

1. 三个实证案例的逻辑关系

本研究选择了南京市三个具有代表性的空间生产类型，分别是内城住区更新、城中村更新和更新后安置住区的案例作为实证研究对象。其中，内城住区和城中村的更新是我国城市住区更新的两种典型类型，是城市中心空间生产的代表，研究将从两个不同的侧重面（文化的空间生产、资本的空间生产）分别对内城住区和城中村更新进行深入剖析。哈维曾经提出：“焦点只存在于资本和空间生产的流通和交换领域，即城市中心，却轻视了资本生产和剥削式积累的领域”[1]。城市住区更新的空间生产不应只关注空间生产的中间环节，还应反映空间生产的最终结果。因此，本书不仅仅关注那些内城住区和城中村的更新，也关注那些被新空间生产活动排斥的人群所组成的、“被剥削”的新空间，即中国城市中大量存在的拆迁安置区，从而建立起从“起点—终点”对整个空间生产完整循环积累过程的关注。

（1）内城住区更新案例选择的是南京老城南的南捕厅地区，这里最终被更新为文化商业街区“熙南里”。文化复兴标签下的空间生产是在全球化城市发展背景下被提及最多的一种类型，通过历史符号、传统文化、新型空间、全球文化消费等拼贴出一个新型的空间，成为全球城市都市中心的地标，也就是形成列斐伏尔所谓的“纪念性空间”，但事实上却掩盖了通过纪念性空间来快速排挤当地居民的事实。

（2）城中村更新案例选择的是南京河西地区的江东村，这里最终被更新为中产阶层住区和商业消费区。从经济发展角度，城市政府打出为促进经济复兴而进行更新改造的旗号，其本质是促进资本的回流，将资本引回到现已经衰败的地区，通过建设一系列的符合中产阶层消费需求的城市景观，以期吸引有消费能力的人群的回流。这类为了资本和经济利益的空间生产也是一种典型的住区更新类型。

（3）边缘空间的生产案例选择的是南京 4 个典型的安置住区：银龙花园，南京主城范围内最大的保障性住区；百水芊城，南京市最大的保障性住区；尧林仙居，南京市第一批建成的保障性住区；西善花苑，市区范围内离市中心最远的保障性住区（图 1-4）。调查结果发现，这些被称为保障性住区的空间中，95% 以上居住的都是由于城市住区更新而被外迁安置的人口。空间生产所导致的高价值空间在大城市或城市中心集中，也造成其对外围地区的依附性，通过对外围空间的剥削利用而得以巩固；而外围地区则往往成为由于住区更新而被排斥的城市中心区人群的接纳地。

1 Harvey. D. Space of Global Capitalism：Towards a Theory of Uneven Geographical Development. London：Verso. 2006.

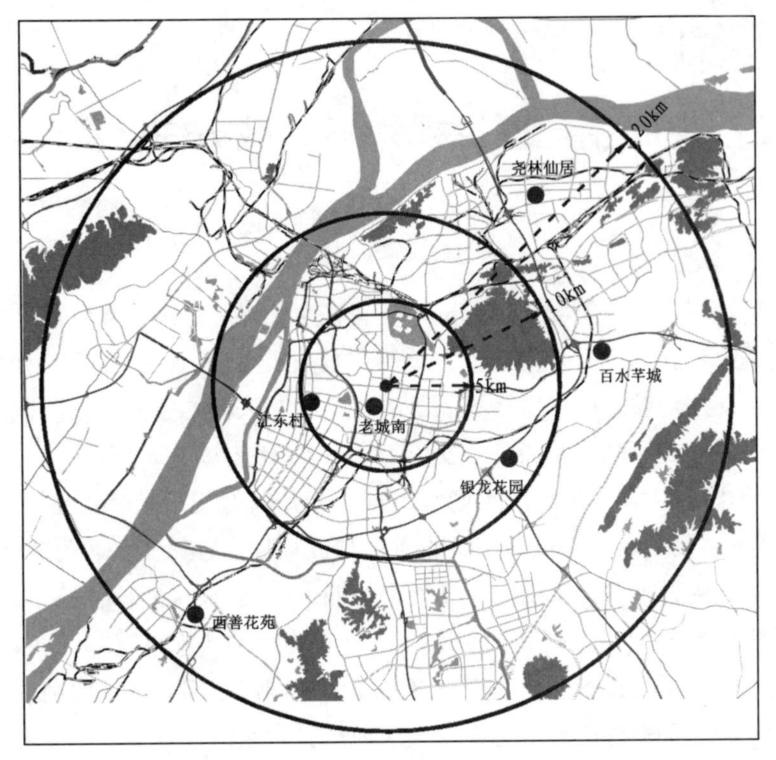

图 1–4 调查研究区分布

2. 调查基本情况介绍

本研究采用定量和定性相结合的方式，运用问卷调查、深度访谈和田野调查等综合方法进行实证研究，研究团队多次进入以上地区以观察拍照、访谈的方式见证了住区更新的过程以及其中的空间发展和社会空间变化。定量研究部分主要采用问卷资料，在每一个研究区域发放问卷 100 份，根据社区空间将其划分为不同片区，发放等量问卷至不同的片区，以偶遇抽样的形式进行面对面、一对一的问卷填写与访谈，以保证问卷的有效性。6 个地区问卷共发放 600 份，最终回收有效问卷 530 份。问卷分为两种，一是针对更新前和正在更新的地区（老城南和江东村），一是针对安置后的 4 个住区，问卷内容包含基本家庭信息、房屋更新与安置过程、日常生活状况（安置前后生活变化）以及居住满意度等 4 个部分。除此以外，研究还采用了一些其他数据资料，主要来源于专业研究报告、新闻报道等。

第2章 空间生产理论视角下的城市住区更新解析

城市更新在生产新空间秩序的同时，也在生产着相应的社会秩序和价值规范体系，当城市开发的主宰者不遗余力地描述着城市更新后空间秩序的种种美好愿景时，后者却往往被忽略，城市更新中的矛盾也被表面的空间繁荣所掩盖。效率优先、经济优先的原则，使得住区更新不得不面对有关“公平正义”的质疑；以经济增长为主要诉求的城市住区更新，自一开始就处于价值资源匮乏的尴尬境地[1]。当城市住区更新开始遭到广泛的质疑和批判时，深刻揭示城市空间生产机制和秘密的新马克思主义空间生产元理论裹挟而入[2]。列斐伏尔、福柯、哈维等学者从马克思主义的角度，深刻认识到隐藏在空间背后的“不平等”。他们的理论不仅敏锐地揭示出掌握资本的权力意志者们如何在利用空间大肆攫取利益，更注意到他们采取何种手段将这一行为堂而皇之地从日常生活视野中抹去。可以说，空间已经不再是单纯的“承载容器”，它已经被深深地打上了意识形态的烙印，“空间就是社会”。

2.1 空间的再定义：基于新马克思主义理论

从空间中的生产（production in space）——作为产品的空间（space as a product，强调空间作为一种产物）——空间的生产（production of space，空间参与全部的生产过程），空间从哲学角度已经被研究得极为深刻，当原来的绝对物质空间作为一种原材料被纳入资本主义生产过程中后，空间就作为一种商品而被再生产出来。因此，新马克思主义理论对空间进行了再定义——它不再是原来意义上的自足的自然物，而是社会之“物”。

---

1 陈映芳．城市开发的正当性危机与合理性空间 [J]. 社会学研究，2008（03）.

2 元理论：超验性的哲学理论，是一般理论的理论。

对空间理解的变迁 **表2-1**

	欧几里得	牛顿/笛卡尔	康德	福柯	列斐伏尔
空间定义	严格的几何概念	绝对空间	作为一种容器的空间	知识、权力都是空间	空间的三元辩证
空间特征	各方向同质并无限	没有绝对静止的	空间的先验性	全景监狱	空间就是社会，社会亦是空间
研究方式	空间几何学	通过运动来进行量度	—	通过权力治理术 govermentality	社会空间统一

2.1.1　从福柯的权力空间谈起

福柯的理论推动了马克思主义研究的空间转向，因此福柯的观点被看作是新马克思主义研究的起点。他认为当代的空间经验有它的特殊性和时代性，既有别于中世纪的空间，也区别于 17 ～ 19 世纪的现代空间。中世纪的空间是由一系列不平等的等级空间集合而成，如神圣空间与世俗空间、隐蔽空间与开放空间、都市空间与乡村空间，等等，每个存在者（不论是神或人）都在这一等级空间中拥有自己的固定位所。上述空间的区分与对峙，成为中世纪稳定的、封闭的社会和文化秩序基础。到了 17 世纪，空间被开放的、呈无限延展的现代空间替代了。现代空间是用无限运动来计量的、与人的实际存在无关的机械物理空间。而到了当代，空间概念再次发生结构性转变，空间不再是物体运动的广延性，而是由人的具体活动及其关系所构成的具体场所，因此不要仅仅关注抽象的空间原则，而且要关注人的具体实践的空间特征。

福柯从知识、权力的空间化角度，认为空间、知识、权力是三位一体的[1]。空间是权力、知识转化为实践的关键，而权力实践被有意识地运用到塑造空间的技术手段——空间规划中，才能发挥控制和规训的功能。福柯对空间与权力关系的探析，主要聚焦于“纪律”这一现代社会的权力技术。纪律是要经由一整套技术、方法来实现的，空间是其中不可或缺的要素，纪律实施的路径之一就是从对人的空间分配入手。为达此目的，它使用了封闭空间、单元定位、建筑分类和等级定位等技术，通过对身体的操练和训练，通过时间的标准化以及对空间的细致安排

1　福柯 . 权力的眼睛：福柯访谈录 [M]. 上海：上海人民出版社，1997：22-35.

和设计，纪律在空间之中将人们的个体组织起来。福柯提出借助城市的空间布局，无论是学校、医院、工厂等单个建筑还是街区、城市建筑群等都可以被设计为统治所使用，进而提出“全景监狱”的概念。福柯强调了空间对个人的巨大的管理和统治功能，物理空间凭借这种构造构成了一种隐秘的权力机制，并在空间中不停地监视和规训每一个个体，以达到统治的目的。同时，他又指出，权力所创造的机制都表现出密闭的空间性 [1]，正是通过空间使得监视和规训成为可能，以达到生产和改造个体的目的。

2.1.2 列斐伏尔关于社会关系空间的阐释

1. 从对日常生活的批判走向空间的生产

列斐伏尔是从对日常生活（daily life）批判进入空间生产批判视域中的 [2]。由于资本通过控制消费环节而大举对日常生活进行殖民，因此他的批判始终都与日常生活没有分开。他将资本主义称为“控制消费的官僚社会”，现代资本主义通过牢牢控制日常生活而幸存，并且通过创造一个日益扩大的、工具化的、神秘化的空间而躲避了批判的目光 [54]。而日常生活和城市空间这两者主要是通过“城市的权利”问题来实现的，在他看来，反抗资本对日常生活的殖民就需要进行日常生活革命，为了更美好的城市生活而争取城市权利。而城市权利正是通过日常生活来反映的，因此，列斐伏尔强调隐藏于日常生活中的生产关系再生产是资本主义生产方式再生产的主要原因。

2. 对传统马克思主义的修正

但是列斐伏尔认为，传统的马克思主义只注重社会的政治经济方面，因此对空间的变革也仅限于宏观方面，却忽视了日常生活方面的变革，这样的变革是不完全的。社会主义革命不仅涉及经济和政治方面，更应该涉及对日常生活的革命。他批判苏联社会主义道路的不彻底，结果只是改变了国家政权和所有权制度，但是却没有改变人们的日常生活，因为日常生活是常常被忽视了的“鸡零狗碎”之物。

1 Foucault M. Discipline and punish：The birth of the prison [M]. Harmonds worth：Penguin，1979：67.

2 吴宁 . 日常生活批判：列斐伏尔哲学思想研究 [M]. 北京：人民出版社，2007.

3. 社会关系的再生产

“资本主义再生产主要不是物的再生产，不是量的扩大再生产，也不是同质的社会体系的再生产，而是社会关系的差异化再生产过程[1]”。从马克思主义的视角来看，物品是通过社会劳动被制造，并且具有交换功能，因此物品就从两方面反映了社会关系：一是社会劳动中的生产关系；另一个就是交换背后隐藏的社会关系，这个关系隐藏于物品的真实价值的背后。列斐伏尔将马克思的这一逻辑应用到社会空间领域，指出“空间生产是生产关系的再生产”，“空间就是社会”。他把空间看作一种巨大的社会资源，它受历史和自然诸因素的影响和塑造，实际上是充溢着各种意识形态的社会产物，是一个社会关系的重组与社会秩序的建构过程，“不管在什么地方，处于中心地位的是生产关系的再生产”。这种再生产，就是作为资本主义制度借此有能力通过维系自己的规定结构来延长自己的存在。

2.1.3 哈维关于空间与资本积累的逻辑

哈维成为了新马克思主义城市空间理论的推动者[2]，他将马克思主义理论中有关资本对空间的影响融入到了当代城市的背景当中，创建了“资本三种循环回路[3]”（图 2-1）。资本投资领域经历由工业部门—城市建成空间—城市福利（教育医疗等）的变迁，当代资本的投入重点已经从工业部门转向了城市建成空间，并将其转变为当代新马克思主义学派批判空间的重要视角。

“城市空间的本质是一种人造建成环境（built environment），在资本主义条件下，城市人造环境的生产和创建过程是资本控制和作用下的结果，是资本本身的发展需要创建一种适应其生产目的的人文物质景观的后果”（Harvey，1985）。哈维指出，空间成为资本积累化解危机和创造剩余价值的场域。由于城市空间被普遍物化，空间已经成为商品，可以用资本进行交换，因此城市空间一旦具有可

---

1 刘怀玉 . 现代性的平庸与神奇——列斐伏尔日常生活批判哲学的文本学解释 [M]. 北京：中央编译出版社，2006.

2 新马克思主义的另一巨头曼纽尔·卡斯特尔（Manuel Castells）他主要的新马作品为《城市问题：马克思主义方法》、《城市、阶级和权力》和《城市与民众》等，本文未作深入讨论。他在《城市与民众》中说明他的新方法的使用，他认为这些观点过于功能主义化，过于强调城市是一种资本逻辑的产物。他的研究重点放到不同城市社会运动个案研究意味着“马克思主义传统的光荣完结”（Castells，1983），明确拒绝将马克思主义继续作为主要理论基础。

3 D. Harvey. The Urbanization of Capital [M]. Baltimore：The Johns Hopkins University Press，1985.

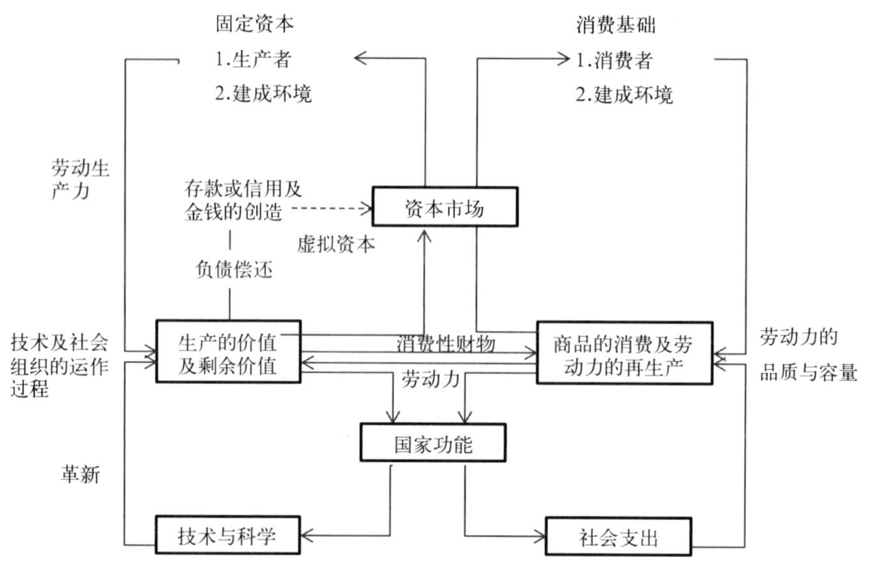

图 2-1 哈维资本三种回路的循环结构

资料来源：Harvey D，1985，参考文献 56，P9

交换性，就会创造出巨大的同化力量以满足资本积累的条件。现代资本则把不断突破空间壁垒、征服和占有空间作为实现价值增值的重要方式，以及克服内在积累危机的重要途径，资本正是不断通过对空间关系的生产和再生产才能将各种危机摆脱掉。空间被有目的和有意图地生产出来，这种目的和意图成为各种权力竞技和博弈之处，因此它又是权力合法化的工具。在权力不断地渗透下，通过各类空间实践将权力真实化、表象化。列菲伏尔的中心思想主要是空间生产不同，哈维更多关注对空间中实践问题的理解转变，巴黎、巴尔的摩等城市以及圣心大教堂等建筑都成为他批判的对象，主要是集中在四个方面的批判：获得性与分离，空间的占用和使用，空间的控制，以及空间的生产[1]。

哈维的学生 Neil Smith 在《不平衡发展》一书中提到："资本主义总是利用空间的差异性以自己的形象来改造空间。但是资本的空间生产又是具有矛盾性的，这一对矛盾是：一是利用差异性；二是试图让这种差异性变得平滑，从地理空间的角度看，资本的扩张和被资本同质化的条件导致了空间压缩。"这样，资本积累过程一方面在不断创造同质化的空间形态；另一方面，同质化的空间形态

1 Tim Unwin. A waste of space? Towards a critique of the social production of space [J]. Transactions of the Institute of British Geographers，2000，25（1）：11-29.

反过来又会极大地促进资本在更大规模上的积累。它标志着资源的积累状态和集聚趋势，因此，城市空间作为各种资源集聚的场域，它的发展就显著地具有了资本的属性。

2.1.4　新马洛杉矶学派的文化空间生产

索亚认为，全新的后现代文化的崛起不仅仅作为一种文化意识形态或者文化幻想，而且已经作为资本主义在全球的、继第一次帝国主义制度扩张和第二次国家市场扩张之后的第三次具有独特性的大扩张[1]，每一次扩张都有其自身的文化特性，生成了与其动力相适应的各种新的空间形式。索亚从后现代的文化理论对空间进行批判，开辟了新马克思主义学派的又一方向。

但是索亚的批判不仅仅局限于后现代的文化，文化以及后现代只是其所在的UCLA“洛杉矶学派”的研究传统（洛杉矶学派：约翰·弗里德曼、沙朗·祖金、迈克尔·迪尔都是UCLA的学者），索亚将自己的批判放置到了更广域的空间和社会中——空间性（spatiality），矛盾、混沌、各种事物不停交替的“第三空间”，成为其破除空间和社会的分离、物质和心理的分离，从而体现空间性的重要概念。作为地理学者和规划学者，索亚同哈维一样，也选取了实证研究对象来论述自己后现代视角的空间理论，索亚选择的是洛杉矶大都市，从灵活性（flexicity）、国际化（cosmopolis）、超越中心极化（expolis）、极化性（metropolarities）、监狱群（carcereal archipielagos）以及虚拟城市（simcity电子产生的超现实生活）等六个方面，考察了后现代的洛杉矶的空间生产[2]。由于复杂的全球形势变化、新国际分工体系，全球范围内的城市与地区都面临着经济转型、空间重组，跨国公司成为这种跨界弹性生产的主要实现力量，大批新生产活动的弹性空间形式开始在洛杉矶出现。全球化对城市、区域的社会和空间产生有史以来最全面冲击的主要原因，来源于“世界的压缩和世界作为一个整体的意识的强化”。洛杉矶作为描绘未来生活的城市形态，其中充满了冲突和矛盾的交织，既包含了地域与中心之间的冲突，也包含了种族和阶层之间的冲突，甚至还包含了当下和未来的冲突，使得洛杉矶成为一个充满真实和想象的空间[3]。

1　爱德华索亚．后现代地理学：重申批判社会理论中的空间[M].北京：商务印书馆，2004.

2　Edward W.Soja. Six Discourses on the Postmetropolis. 来源：http：//www.opa-a2a.org/dissensus/wp-content/uploads/2008/05/soja_edward_w_six_discourses_on_the_postmetropolis.pdf.

3　爱德华索亚．第三空间：去往洛杉矶和其他真实和想象地方的旅程[M].上海：上海教育出版社，2005.

2.2 对列斐伏尔空间三元辩证的理解

空间的三元辩证被看作是列菲弗尔空间生产的核心经典理论，常被地理学者和城市研究者用来探讨列斐伏尔理论中有关社会与空间关系的描述，空间的实践、空间的再现和再现的空间被作为有关社会空间关系研究的三种重要理论，被众多新马克思主义学者以不同的方式理解和演绎。本书在此予以引用，以便为后文更好地分析住区空间更新的社会空间效应，以及通过空间实践来寻求正义的住区空间生产之路作铺垫。

2.2.1 列斐伏尔的元理论

列斐伏尔在空间生产的第一章中就确立了“社会空间是社会产物”这一命题，其中包含了四个寓意：一是自然空间正在消失，如我们看到的树都是有它存在的社会空间价值；二是每个社会都会生产自己的空间；三是从空间中事物的生产转移到对空间的生产；四是空间以及空间的生产有其历史性。他将传统的历史—社会二元辩证关系，拓展为历史—社会—空间的三元辩证[1]。

列斐伏尔根据社会空间这一命题，进而提出了空间的三元辩证：空间的实践包含了生产与再生产、概念与执行、构想的与生活的空间过程，令空间再现与再现空间两者连接难以分离，因此这样凸显了它相对于空间再现和再现空间的独特位置。再现的空间与生产关系和这些关系所施加的秩序，只与符号、符码相关，他们是科学家、规划师、技术官僚的空间，他们以构想来辨识生活和感知，成为社会化生产方式的主导空间、概念化的空间。空间的再现，就是一种被主导话语、规则、命令所设定的空间表象，它承载着权力关系，是一种主导意识形态的表达，大部分已经被现实化。它更多地来自规划、安排、设计，而不是对大部分社会成员实际需要的“回应”，是一种权力的空间设计方案，为统治阶级的利益与需要服务。透过相关象征而直接生活出来的空间，它是居民和使用者的空间，是被支配和消极体验到的空间，但想象力试图改变和占有它，它与物理空间重叠，在象征上利用其客体。

其实，列斐伏尔的空间三元性体现了理论的二元批判张力，即科学家、规划

1 Lefebvre Henri. The production of space [M]. Oxford UK &Cambridge USA : Blackwell，1991.

师和技术官僚主导的空间 VS 居民和使用者被支配的空间；空间的物质本质 VS 空间的符号象征；物质性生产 VS 社会关系的生产；权力 VS 抵抗等。在具体的空间实践中，这些二元冲突随时可见。

2.2.2　哈维对空间三元辩证的定义与再定义

哈维也曾经用列斐伏尔来搭建他的空间时间格网（grid），他以经验、感知和想象来代替列斐伏尔的感知、构想和生活[1]（Harvey，1989）。他指出，再现的空间具有对空间时间和空间再现发挥的物质性生产力量，他利用物质空间实践的四个方面（科技性与距离、空间的占用与使用、空间的支配与控制、空间的生产）来与空间三元性交错，形成 12 个复杂的分析构架。

但是哈维在后来的研究中修正了自己的实践格网，以绝对空间、相对空间和关系空间来界定，他通过对经验、概念化和生活的三种理解，更为接近了列斐伏尔设定的三元性即空间性的一般矩阵[2]（Harvey，2006），从而将这六种空间通过交错形成空间格网（表 2-2）。哈维认为，不能像索亚那样标榜第三空间的重要性，它们没有阶层性的排序，而是应该从列斐伏尔的范式中保持理论辩论的张力，理解相互构建的效果，不断思考它们之间的相互作用。哈维指出，这个理论系统中没有孤立的盒子，理论工作一定且必然会有助于导向对矩阵里的所有解释[2]。

哈维的空间格网　　　　表2-2

	空间的实践 经验的空间	空间的再现 概念化空间	再现的空间 生活的空间
绝对空间	物质组成的真实边界与障碍	行政地图、区位、欧式几何学等	由物质空间所致的安全感或监禁感，拥有、指挥和支配空间的权力感
相对空间	资本、信息等组成流动空间，并加速对地理距离的削减作用	情景、运动、移动能力、时空压缩的隐喻	上课迟到的焦虑、交通堵塞的挫折、时空压缩、速度的紧张和快感
关系空间	社会关系、流动的场域、气味和感觉等	超现实主义的，存在主义的，力量与权力内化的隐喻，如本雅明的空间	幻想、欲望、梦想、幻象、心理状态

1　Harvey，D.The Condition of Postmodernity，Oxford：Basil Blackwell. 1989.

2　Harvey. D. Space of Global Capitalism：Towards a Theory of Uneven Geographical Development. London：Verso. 2006.

2.2.3 索亚对空间二元化对立的破除

索亚对空间三元性的解析并非像列斐伏尔那样从政治经济体系出发，而是从物理空间、心理空间和社会空间三者的关系出发，指出了社会空间是包含前两者的非此即彼的对立，也是彼此交融、两者兼具的空间，因此，她格外强调要破除支配与被支配、抽象与具体、视觉和身体、物质与想象的二元对立，而强调“真实想象兼具”的第三空间成为“社会斗争的空间”[1]（图 2-2）。它充斥着象征、梦想和欲望，是边缘化者的空间，也是将资本主义、种族歧视、父权体制等具体化到生产和再生产的社会关系，它充满了支配与抵抗。索亚通过对洛杉矶这个典型的移民城市的考察，重在批判空间生产理论中二元空间论：非此即彼的绝对性；以移民文化在空间中的体现，来揭示“第三空间”中不停转换和改变观念、事件、现象和意义的社会环境。“第三空间”所描述的不是一个具体的空间，而是一种思维的方式和意识的状态，是多文化并存下对于个人身份、都市空间的建构。

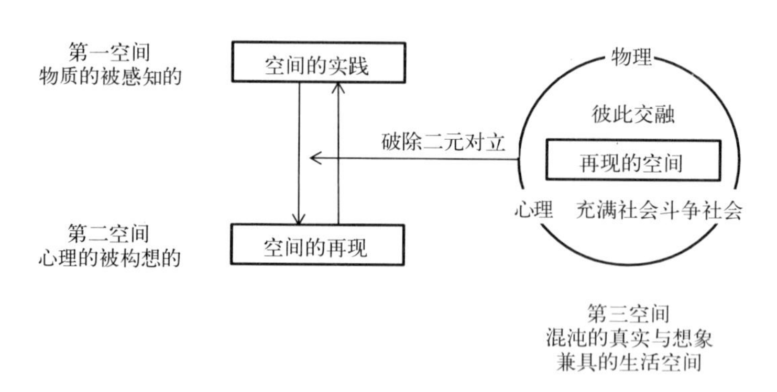

图 2–2 Soja 对空间三元辩证的理解

2.3 对住区更新的解读：基于空间生产视角

2.3.1 马克思主义视角的住区更新

恩格斯在《论住宅问题》中已经涉及城市更新，特别是住区更新的问题。现代大城市的扩展，使城内某些地区特别是市中心的地皮价值往往被人为地大

1 Soja，E.W. Editorial：Henri Lefebvre 1901-1991[J]. Environment and Planning D，Society and Space，1991（9）：257-259.

幅度提高起来，但是原先建筑在这些地皮上的房屋不但没有因此提高价值，反而降低了价值。这首先发生于城市中心地区的工人住宅，因为这些住宅的低租价以及低廉的被摧毁成本，即使在挤满住户的情况下，也可以预期其收入与商业空间开发相比是微薄的[1]。普通的工人住宅要么是被排除出原有的中心地区(安置住区的建设)，要么就是在资本的强势逻辑下被大规模的"城市更新计划"所利用，以让资本攫取高额的利润。而工人的居住状况非但没有改善，反而被政治口号巧妙地掩盖起来，造成了对城市弱势阶层居住空间的剥夺，也激化了社会矛盾。

继而，恩格斯又在《英国工人阶级状况》中对1840年代英国曼彻斯特工人居住空间的分隔状况进行了分析，探讨了产业资本主义制度下英国社会的阶层分化问题。恩格斯的描述和批判，意指资本主义条件下城市空间的建构就是资本主义关系的建构与强化过程，资本积累直接决定着城市空间的区域与功能划分，创造了一个等级化的城市住区空间，并以此成为不同社会阶层身份、地位的标识，而这本身又是资本关系的重构和强化过程。因此，阶级斗争和社会改造始终成为马—恩探讨解决工人住宅问题的两个基本方面。从马克思主义的视角分析，只有当社会已经得到充分改造，从而可能着手消灭现代资本主义社会里极其尖锐的阶级对立和城乡对立时，住宅问题才能获得根本解决。

2.3.2　新马克思主义视角的住区更新

根据以上的理论综述，本研究对住区更新将从新马克思主义理论的角度来进行定义。如图2-3所示，住区更新包含了住区空间再生产以及生产关系变化等，即物质空间的更新和社会空间的更新。在物质空间中又包含两个方面：一是对原有物质空间的改造提升，并不改变其基础空间结构；二是对物质空间的彻底改造。前者的更新方式通常不会改变原有的社会空间结构，而后者则常常是颠覆型的更新。社会空间更新包括内部人群的自主或被动的更替、住房产权变化、内部社会关系的变化等。

在新马克思主义空间生产理论的视角下，城市住区更新概念打破了以物质空间更新为主的限制，提出即使物质空间结构不发生变化，内部社会空间和生产关系的改变亦是一种住区更新的方式。从全面意义上看，住区更新既包含了住区本

1　恩格斯：《论住宅问题》，人民出版社，1953：22-23，转引自：http：//blog.renren.com/share/254401219/7693788955.

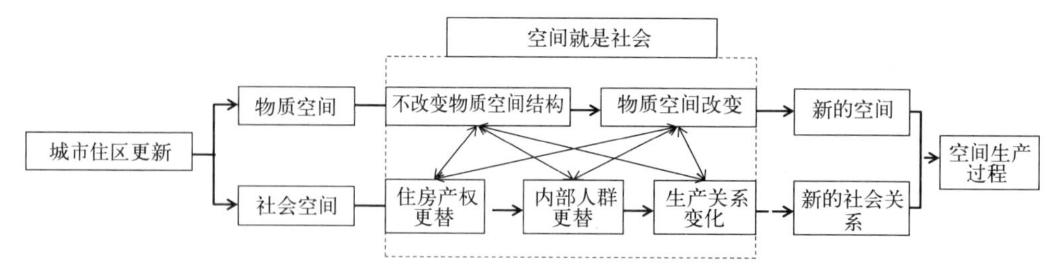

图 2–3 城市住区更新的概念内涵

身的物质改造，也包括住房产权变化的更新、住区内部使用者的变化，以及与住区更新相关的参与者的生产关系改变等。这样的一种理解，也符合了“社会即是空间，空间即是社会”的理论认知。

（1）住区更新作为生产力。从最开始，社会生产力以及生产资料是来源于自然进行工业生产，后来被空间生产所取代。住区更新便成为一种具有生产能力的并可以生产新的空间和社会关系的空间生产力。

（2）住区空间作为消费品，更新成为一种工具。当住区空间成为商品，具有了交换和消费的特征，它有时会被简单地进行买入，有时被生产性地消耗（住区更新），还有时，空间的消费并不表现为对土地和空间本身的消费。例如，开发商通过城市更新而将原先的住区转变为一个商业空间，意图使路过的“游荡者”都变成“消费者”，促使这种生产关系改变的正是更新。

（3）住区更新成为一种政治控制。住区更新不再是简单地为了提供住区或者更好的条件来维持劳动力的再生产，它成为服务于国家和权力的政治工具。正如哈维在巴黎改建中描述的那样：“皇帝和奥斯曼心知肚明，巴黎的改造其重要根源是化解各种政治和经济危机：剩余的资本和大量的失业工人只有借助巴黎大规模的市政建设来消化[1]”。除此之外，住区更新也无时无刻不在通过各种政策来掩饰自己的政治控制性，如给自己添加一个令所有人都接受的噱头，从而抹去追求利益最大化的符号。

（4）住区更新后的空间产生是一种体制和意识形态。原先住区空间更新后，往往是被看起来更为高级的商业空间或住区空间所取代，这里面充斥着象征主义，而这些象征符号“超载”了本身的空间意义——或者是相对于原有空间，体现的是当下一种高级化的意识形态，诸如中产阶级口味、权力意识下的表现，

1 哈维．黄煜文译．巴黎城记——现代性之都的诞生 [M]. 南宁：广西师范大学出版社，2010.

抑或是用空间意识来表达对其他人群的隔离（包括其中的灯光、门禁、内部的装饰等，都是在生产着一种不自觉的空间认同意识，从而隔离了那些不属于本空间的进入者）。

(5)住区更新还包含了正义的空间生产的潜在性。在住区更新的生产过程中，充满了个体的抵抗，这种抵抗宣告了“差异空间需求”、“差异的住区更新”等潜在性需求的存在，也为下一次的住区更新提供了正义的可能。正如哈维对希望空间的构建论述的那样，只有存在想象的乌托邦，才能从中找到希望的空间。正是有这种不断的抵抗存在，才会有下一次住区更新中彰显正义的可能。

第3章 中国城市住区更新历程的回顾

过去30年，中国对城市空间的建设和生产基本是粗放的，投资和建设从工业领域迅速转移到城市建成空间并呈现爆发式增长，依赖的正是对空间和土地原始生产资料的快速和巨量投入。哈维在《资本的城市化过程》一文中，提出了资本循环增值的三个回路。

第一个主要回路（the primary circuit）是资本向一般生产资料和消费资料的生产性投入。在为生产性城市服务的住区更新中，住区空间只担当了为产业工人提供基本生存和生活条件以保障劳动力再生产的功能。当工业产品过度生产、利润率降低、剩余价值无利可图时，投资以及剩余劳动力增多造成了资本主义的“过度积累”。

资本为了自身的生存必须找到解决“过度积累”的办法，便会转向第二个回路（the sencondry circuit）以缓解危机，即向以城市建成环境的投入，又被称为“固定资本”的投入。但是，第二回路中的资本投资倾向于大规模、长时间的领域，一般个人资本无力适应。因此，在这一阶段我国政府即使鼓励私人建房，也仅是小范围的对个人房屋的修葺。同时哈维指出，这一循环中资本具有两个特征，一是转为现金资本，二是能够自由移动。这一阶段政府、政策以及与之相关的各方面（交通、住房、基础公共设施等）需要联合促进第二回路中的资本的形成和生产。1980年代以来，中国的各项改革实验政策是伴随着资本从工业发展到第二回路中的增长，但是不同于西方的情况是，中国此时受到全球新自由主义的广泛影响，走的是一条新自由主义与威权主义结合的发展模式[1]（哈维，2010）。1997年亚洲金融危机爆发后，为寻求新的产业和经济增长点，房地产业迅速成为国家认可的支柱产业，工业资本积累顺势进入住区空间，以房地产开发为主的投资建设成为经济发展的主导。资本正在用转移危机的方式（switching）来化解过度积累：一种是部门间（Sectoral switching）的转移危机，即从工业领域进入城市空间；

1 杨宇振．更更：时空压缩与中国城乡空间极限生产[J]．时代建筑，2011（3）：18-21.

一种是地理空间上（Geographical switching）（哈维，1985）的转移危机，诸如我国实行的家电下乡、城乡一体化发展等。城市居住空间的生产是资本主义空间生产的一个重要环节，发挥着转嫁危机和扩大资本积累的双重功能。因此，中国的城市住区更新也体现为为由生产型城市服务转向消费型城市的服务，以及当下以城市空间为资本积累单元的再生产形式。

但是第二回路中的资本生产却忽略了大批工人及弱势群体的真正需要，城市空间建设的高级化对象只是少数人，因此生产过剩、消费不足导致过度积累，让资本迈向第三个回路（the tertiary circuit）:通过对科学技术和广泛的社会支出（保障房建设、教育、卫生、福利等保障劳动力再生产）来提高工业劳动生产率。

综上所述，当下的住区更新模式和产生的结果并不是单纯的，具有其历史维度，历史唯物主义空间辩证法正是空间生产所强调的。因此，本章将对我国城市住区更新的历程进行回溯，以充分了解住区更新的历史背景，它将呈现出不同于西方住区更新的政治制度背景和结果（表 3-1）。

中西方住区更新对比　　　　表3-1

国家	中国	西欧国家
第二次世界大战后		
相似性	公共住房比例上升，由国家负责投资建设，满足人民基本居住要求	
差异性	① 国家资本积累匮乏 ② 单位为主的建设与分配 ③ 生产居住的混合——苏联模式	① 原始资本积累丰富 ② 政府建设和分配大体量的社会住宅 ③ 居住与就业的功能分区——柯布西耶的功能主义
1980年代		
相似性	住房市场的兴起与自由主义政策	
差异性	① 市场化改革 ② 住房短缺严重 ③ 试图以市场方式解决住房短缺问题 ④ 社会主义市场经济体制改革的一部分	① 新自由主义政策 ② 住房短缺解决 ③ 市场方式刺激经济发展 ④ 减轻国家财政负担
2000年代		
相似性	市场化引起的居住空间分异	
差异性	① 以收入分异为主 ② 因房价上涨过快引起的政策改变 ③ 以住房建设和分配为主	① 以种族分异为主 ② 社会住房与私人住房分异引起的社会融合制度 ③ 以金融、补贴方式等软政策改变为主

3.1 计划经济体制中为生产型城市服务的住区更新(1949 ~ 1978年)

3.1.1 短缺经济下的住房建设

新中国成立后，从1953年起中国开始了大规模的工业化建设。当时国力有限，人力、物力和财力集中用于工业建设，城市建设的总方针是“围绕工业化有重点地建设城市”。在恢复生产的初期，为了优先满足资本对一般性生产资料的投入要求，城市建设中贯彻了“重生产、轻消费，先生产、后生活”的思想，住宅投资被列为一种纯粹耗费资源的非生产性建设投资。而社会主义改造的完成，使大多数住房收归为国家所有，实施“统一管理，统一分配，以租养房”的公有住房实物分配制度。全国城镇地区住房投资90%以上由各级政府解决，实行住房分配的“国家福利制”。住房的建设和维护的成本几乎全部由国家和各单位负担，导致了国家和各单位负担过重，因此，一旦要压缩投资规模，住宅投资便首当其冲（表3-2）。

1978～1998年住宅投资占GNP的比重变化　　表3-2

年份	1953～1957	1958～1962	1963～1965	1966～1970	1971～1975	1976～1978	1978年平均值			
比重(%)	1.33	0.9	0.82	0.49	0.89	0.87	1.5			
年份	1979	1980	1981	1982	1983	1984	1985	1986	1987	1988
比重(%)	4.23	5.95	7.5	8.39	8.79	8.24	9.14	9.28	9.36	9.09
年份	1989	1990	1991	1992	1993	1994	1995	1996	1997	1998
比重(%)	8.07	8.07	7.17	8.00	8.49	7.82	8.33	9.14	9.65	9.80

资料来源：根据《新中国六十年统计资料汇编》与《中国城市统计年鉴》整理。

改革开放初，为了解决国家统一建设住房、保障能力不足的问题，邓小平就建筑业和住宅问题发表讲话，“允许城镇居民自建住房，还鼓励公私合营或民建公助”，住房由此前国家是主要投资者变为国家、单位和个人共同投资。绝大多数的住房投资来自企、事业单位的自有资金，单位住房比例急剧上升，大部分住房的分配权、处置权也都属于了单位，住房由“国家福利制”逐渐转变成为“单位福利制”，形成了以单位为主体的住区建设、分配和管理体制，因为单位地位与效益的差异而形成了一定的居住空间分异。

3.1.2 国家权力下的单位社会：集体化的生产空间

在社会主义计划经济体制下，中国的城市住房制度是一种靠国家统筹统建、统一分配的福利性制度，居民对住房的拥有完全靠社会再分配体系的运作[1]（边燕杰等，1996）。单位空间以土地划拨的方式被无偿使用，市场经济的级差地租和居住隔离分异等也无法起到效用。而全景式的社会主义改造，本身就是避免市场经济以及残留的资本主义的影响，其关键环节是单位制城市空间生产体制的建立。

另一方面，“工业化优先发展”的战略内生出与之相适应的资源计划配置和毫无自主权的微观经营制度：土地的无偿划拨、决策和分配权力的高度集中等[2]（林毅夫等，1994）。单位以及与之相匹配的一套社会制度的建立，通过单位对社会公共资源进行控制和分配（住房是其中的主要资源之一），由此创造了一个以“单位”为基本单位的政治、经济和社会结构，为个人创造了工业化基础上以劳动力类型分工为主的单位空间。单位被国家同时赋予了经济和行政权力，成为国家的替身。这样的一种组织结构，在资源极为有限的新中国成立初期，一方面在低投入和低消费层次上，较为公平地解决了中国城市居民的住房问题；二是保证了工业生产建设领域中工业化战略的实施[3]。单位将生产、消费、资源分配广泛纳入，个人完全依附于单位，无法从单位体制之外获得资源。由此，生产型城市将生产者与生产空间通过单位捆绑在一起，“单位制”将单位与生产、消费和资源分配捆绑在一起（图3-1）。与如今中国城市中到处被资本纳入生产系统的住区空间不同，单位分配的公有住房更具有福利性质，但住房空间也仅仅具有使用价值。

3.1.3 以产权更新为主的住区更新方式

与西方第二次世界大战后的推倒式更新不同，新中国成立后百废待兴而财力缺乏。国家资本积累的缺乏与生产型城市的确立，使国家建设重点投入到重工业

1 边燕杰，约翰·罗根，卢汉龙，潘允康，关颖.“单位制”与住房商品化[J].社会学研究，1996（01）：83-95.

2 林毅夫，蔡昉，李周.对赶超战略的反思[J].战略与管理，1994（6）：1-12.

3 侯淅珉.对我国住房分配状况及其结果的再认识[J].中国房地产，1994（9）：14-17.

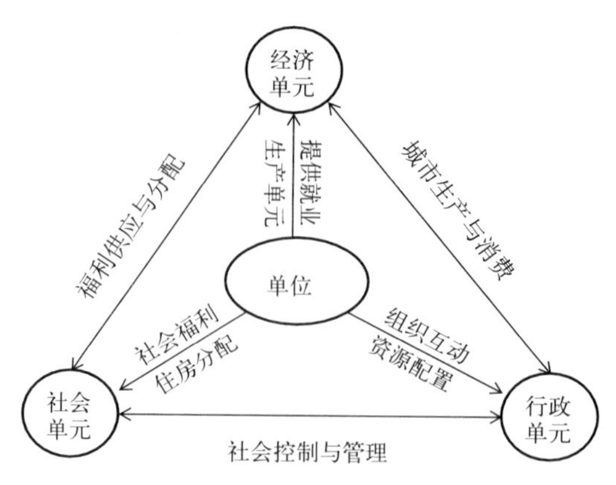

图 3–1 单位作为行政、经济和社会资源配置的基本单元

领域，强化城市的工业生产职能。当时，被当作是“消费品”的住宅建设，仅仅是保证居民最基本的生存空间，在此背景下，全国城市人均居住面积从新中国成立初期的 4.5m^2 下降到 1978 年的 3.9m^2（表 3-3）。大城市的住区更新仅是针对面积巨大的棚户和危房，如南京市新中国成立后 1184 万 m^2 房屋中砖木和简单结构的房屋达 93%[1]。因此，国家实行“人民住宅人民建”，“自己动手丰衣足食”的思想方针，危旧房都是以个人为主的小面积拆改，政府采取政策补助办法来动员房主自我修房；在建设城市设施道路方面，则以“线”为主拆旧补新。“零打碎敲”、“见缝插针”成为全国各个城市旧城改建或新建的方式，对住房“重新建、轻维修”，而新建的住房以“简易楼”和抢建的“工人新村”为主，当时认为国家财力困难，只能用少花钱、多办事的方法解决应急问题，并对简易楼设定使用年限为 20 年，留待以后再开发，这种短期应急的建设方式反而给后来旧城区的更新带来了巨大的压力和障碍。

1949～1998年全国人均住房面积变化（单位：m^2） **表3-3**

年份	1949	1978	1979	1980	1981	1982	1983	1984	1985	1986	1987
人均住房面积	4.5	3.6	3.7	3.9	4.1	4.4	4.6	4.9	5.2	6.0	6.1
年份	1988	1989	1990	1991	1992	1993	1994	1995	1996	1997	1998
人均住房面积	6.3	6.6	6.7	6.9	7.1	7.5	7.8	8.1	8.5	8.8	9.3

资料来源：《新中国六十年统计资料汇编》。

1 《2008 南京市房地产年鉴》，房地产事业五十年，南京：南京房地产年鉴编纂委员会。

物质型更新虽不是此时的重担，但产权更新成为这一时期的主要内容。新中国成立后实施了以产权更新为主的住房社会主义改造，就产权来讲，新中国成立后城市住房分为单位、房管局、私人三种所有制：单位仅对本单位职工进行住房分配，房管局主要负责对无单位的人员提供住房出租，以低租保证民有其屋。住房的社会主义改造只允许私人住房房主保留若干自己居住房间，其余大部分通过“国家经租”方式进行赎买，全部变为公房（图 3-2、图 3-3）。如此，使城市中私人住房率一直下降，房管局和单位公有住房数量上升。经过公有化改造和住房单位制度的影响，原有的内城核心地区由大量的单位房、房改房以及房管局的公房组成。在 1990 年代末全面实施城市住房改革之前，75% 家庭住在公房内（单位或房管局的出租形式）[1]（Huang，2004）（表 3-4）。

图 3–2　明清时代的旧房

图 3–3　房门上印有时代的痕迹

南京历年的住房产权变化　　表3-4

产权	1978年	1986年	1993年	1997年
自有住房	11%	17%	30%	64.8%
公有住房	89%	83%	70%	34%
私房出租	0%	0%	0%	1.2%

数据来源：《南京市房地产年鉴》，房地产事业五十年，南京：南京房地产年鉴编纂委员会。

1　Youqin Huang.The road to homeownership：a longitudinal analysis of tenure transition in urban China（1949–1994）[J].International Journal of Urban and Regional Research，2004，28（4）：774-795.

3.2 改革开放初期向生产领域转变的住区更新（1978 ~ 1998 年）

3.2.1 住房建设由消费领域转变为生产领域

改革开放后，我国的经济建设得到全面发展，住房建设也不例外，然而福利分房制度导致的住房供给不足矛盾非常突出。1978 年邓小平在讲话中，指出“解决住房问题能不能路子宽些，譬如允许私人建房或者私建公助”。1980 年邓小平提出了关于房改的问题，由此开启了我国住房制度改革。此后，邓小平在《关于建筑业和住宅问题》中提出“建筑和住宅业不只是由国家投资的消费领域，也可以当作为国家增加收入、增加积累的一个重要产业”。扭转了将住宅建设作为消费投资领域而非生产领域的看法。自此，一方面国家和单位共同增加住房投资，加快住房建设步伐；另一方面开始探索住房福利制度改革的途径。

3.2.2 住区空间商品化的萌芽

经过一系列的住房制度变革之后，产生了住区空间商品化的萌芽。根据 Wang 和 Murie 的研究，将中国城市住房制度变革划分为三个阶段[1]：第一阶段新建住房出售（1979 ~ 1981 年），将新建住房以建设成本价出售予城市居民，1981 年深圳特区第一个商品房小区——东湖丽苑建成销售；第二阶段为补贴式新房出售（1982 ~ 1985 年），购买者出资住房 1/3 的价格，国家和单位补贴 2/3，但是这些改革中最重要的是出售的仅仅是“使用权”，购买居民拥有居住以及继承的权利，并没有权利将住房在市场上进行出售。截至 1985 年年底，全国共有 160 个城市和 300 个县镇实行了补贴售房，共出售住房 1093 万 m^2 [2]；第三个阶段是广泛的住房改革试验（1986 ~ 1988 年），这一阶段有两个重要的特征：提高公共住房领域的租金和对公共租房的私有化（房改房）。

1986 年国务院成立住房制度改革领导小组，在全国推行分批分期的住房制度改革，1988 年国家选取了一些城市作为改革的试点。1991 年，国务院成立了住房改革委员会，1994 年 7 月发布的《国务院关于深化城镇住房制度改革的决定》，在全国范围内确立了住房社会化、商品化的改革方向：（1）全面推行住房

---

1 Ya Ping Wang, Alan Murie. Social and Spatial Implications of Housing Reform in China [J]. International Journal of Urban and Regional Research, 2000, 24 (2): 397-417.

2 资料来源：杨继瑞，中国经济改革 30 年——房地产卷 [M]. 成都：西南财经大学出版社，2008.

公积金制度；(2) 推进租金改革，即提高租金，原则达到双职工家庭平均工资的15%；(3) 向职工出售公房。

同一时期的土地制度改革，使城市土地变为可以经营的生产资料，土地和住房进行捆绑即将城市的固定资本联系在一起（图 3-4）。由此，城市空间生产的固定资本（fixed capital）形成：一方面，住房和土地的价值和升值是城市原有各种投资（基础设施、硬软环境等）在起作用；另一方面，地租价值和固定资产价值同时决定了住房的价格。空间的特殊性在于不是直接的原始生产资料被消耗，而是可以经历长时间、多过程的使用，又被哈维称作"生产的建成环境"[1]（built environment for production）。住房制度改革与土地制度变革捆绑在一起，共同推动了住区空间的商品化。

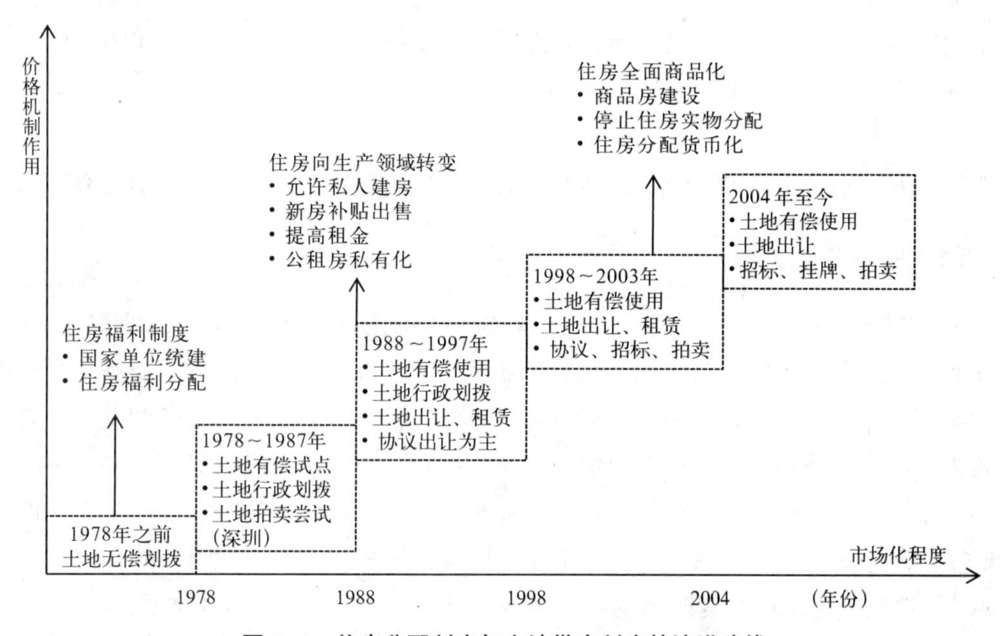

图 3–4 住房分配制度与土地供应制度的演进路线

3.2.3 更新领域逐步向私人资本开放

改革开放之初，虽然国家鼓励私人建房，但是由于私人资本积累较少，更多

1 D. Harvey. The urban process under capitalism：a framework for analysis [J]. International Journal of Urban and Regional Research，1978，2（1-4）：101-131.

是以公共资本为主导。依靠国家投资，存在资金匮乏、改造速度相对缓慢、标准较低的问题。市中心地段往往人口密集、建筑密度高，旧城更新的高成本使城市建设主要以外围扩展方式的新地建设为主，特别是新中国成立后“见缝插针”的城市建设方式，此时给旧城发展带来严重制约。因此，1984 年《城市规划条例》首次明确提出了对旧城的逐步改造方案：“加强维护，合理利用，适当调整，逐步改造”。旧城区改建的重点是危房区、棚户区以及市政公用设施简陋、交通阻塞、环境污染严重的地区。南京市提出了“旧城改造与新区开发相结合，以旧城改造为主”的政策[1]，城市住区更新被真正纳入城市建设规划当中。而随着住房制度和土地制度的改革，旧城改造在一些住房市场化的试验地区也逐步向私人资本开放。1992 年上海制订了 365 万 m^2 危棚简屋改造计划（简称“365”计划），土地出让制度首次在旧城改造中实行（卢湾区“斜三”地块，现海华小区）。北京在 1992 年实行的“土地批租”政策，使开发商抢占长安街等黄金地段，引发了近 100 万 m^2 的住区更新面积[2]（董光器，2006）。

3.3 市场建构时期资本价值导向的住区更新（1998 ~ 2010 年）

3.3.1 房地产业成为经济发展的增长点

1998 年《国务院关于进一步深化城镇住房制度改革加快住房建设的通知》在制度上建立市场化住房体制。同时，亚洲金融危机爆发，我国经济受到了严重的影响：对外贸易出口增幅从 1997 年的 20% 跌至 0.5%；国内工业产能过剩，有效需求不足，并与大批工人下岗等问题交织叠加。通过扩大内需保证经济增长成为国家发展的突破口。在当时，房地产业被认为是国民经济的新增长点，由此促进了住房分配的货币化改革。“加快住房建设，促进住宅产业成为新的经济增长点[3]”被明确为住房制度改革的主要内容。从另一方面讲，为了刺激经济、扩大内需，国家积蓄尽快从住房分配的“集体消费”中退出。

图 3-5 表明了自改革开放以来，住区空间成为具有交换价值的商品，而住区更新成为实现其交换价值方式的整个转变过程。

社会的住房改革主要内容包括：(1) 停止住房实物分配，实行住房分配货币化。

1 《南京城镇建设综合开发志》. 南京地方志编撰委员会，1994.

2 董光器 . 古都北京五十年演变录 [M]. 南京：东南大学出版社，2006.

3 国发 [1998]23 号文件《关于进一步深化城镇住房制度改革加快住房建设的通知》。

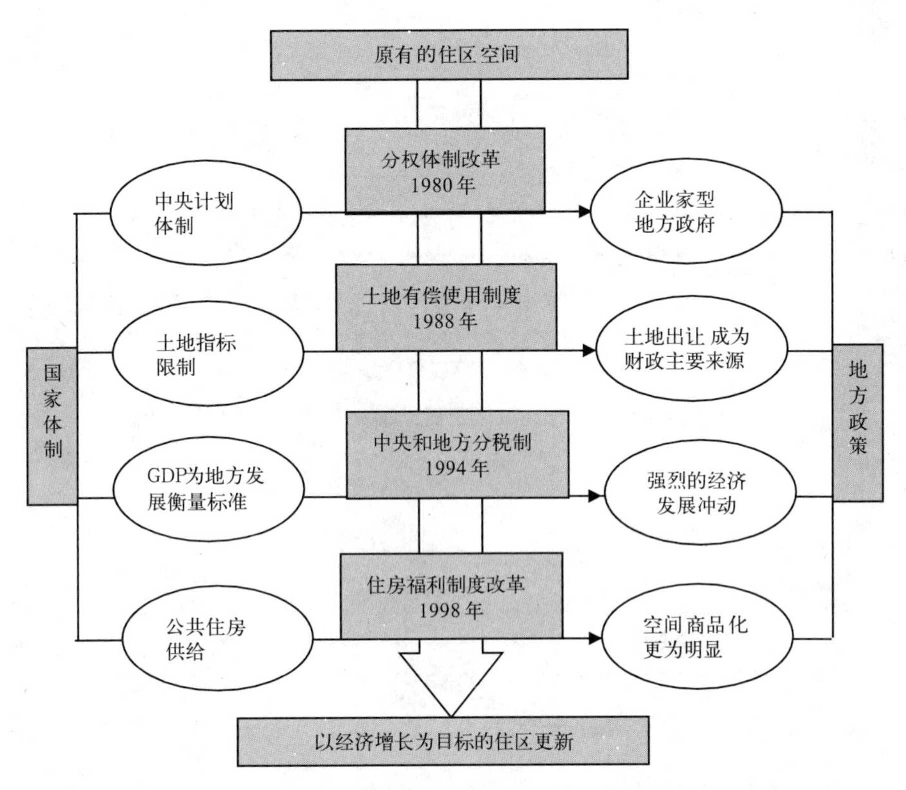

图 3–5 转型期中国住区更新的形成机制

(2) 出售公租房，减轻政府和单位负担。(3) 住房金融体制的建立，明确所有商业银行在所有城镇均可发放个人住房贷款。(4) 供应体制的改革，对不同收入家庭实行廉租房、经济适用房和商品房的供给制度。

在这一过程中，单位尤其是国有企业被视为改革的重点，成为首当其冲的实践主体。其改革的具体内容包含了公房出售、建立住房公积金和住房管理社会化等。住房被国家从集中化和垄断化的体制中释放出来，在属性上发生了根本的变化，即从过去的住房"国家和单位所有"转变成为个人所有。在新的住房体制下，住房成为一般消费品，用市场化和社会化的方式由人们自由选择。通过市场调节，增加住房供给量来满足人们不断增长的居住需求，并充分发挥市场在住房资源配置中的作用。因此这一阶段，住房投资带动了 GDP 的增长，住房价格也不断上涨（图 3-6，图 3-7）。

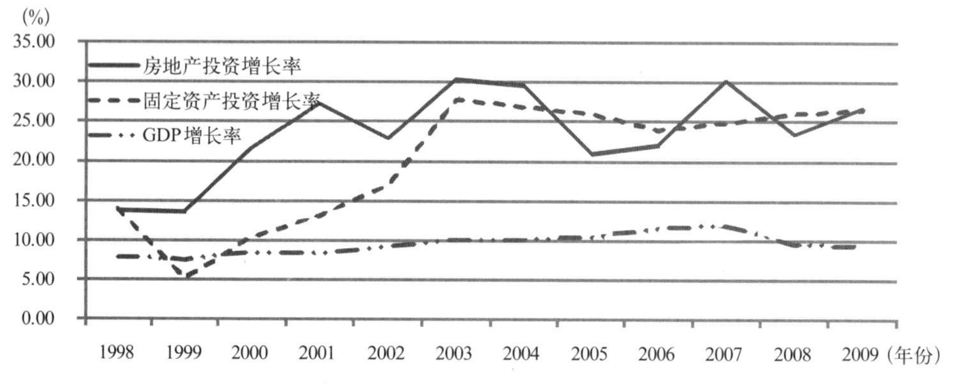

图 3-6 全国房地产投资及固定资产投资增长与 GDP 增长比较

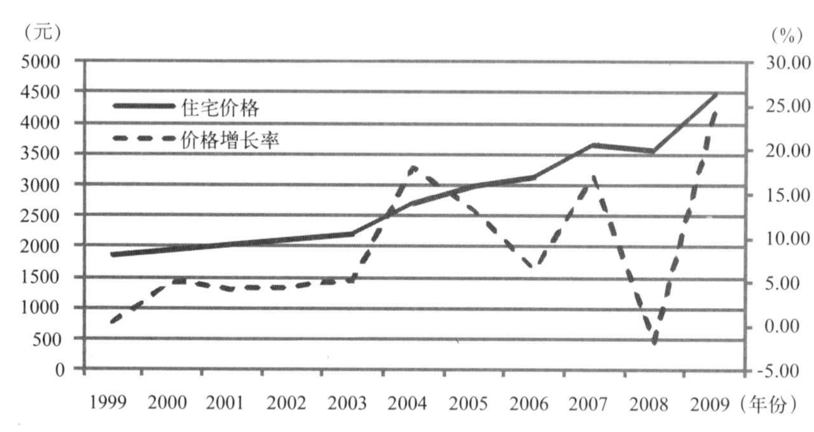

图 3-7 全国住宅价格增长水平及其变化

数据来源：《中国房地产统计年鉴》

3.3.2 积累空间由单位完全转变为城市

随着中央集中配置和分配产品的计划经济向市场配置资源的市场经济转型，促成了大量国有、集体“单位制”的瓦解。计划经济体制下，城市不是资本积累的实体，国家主导的工业化才是主要的积累方式，单位是积累的空间，并反映了居民的生活。市场经济的建立，大量的工业剩余资本投向了回报率更高的城市建设领域，如高速公路、铁路、住房、大型商业广场，特别是 1998 年福利分房制度被取消后，住房成为一种消费品正式进入了市场。而这一切不仅仅归功于改革开放、土地管理法的修订、住房制度的改革，还包括 1994 年中央与地方分税制等一系列的制度政策；1998 年国有企业改革，政企分离使“单位”退出了住房分配领域；同年房地产成为金融危机后的新经济增长点而实施的住房消费金融化，开辟了住房抵押贷款等金融制度等，资本迅速向建成环境的扩张，这种迅速扩张解决了资本在工业领域的过度积累问题，也强化了资本对空间的支配权[1]；2001 年在城市改造中开始采用货币化动迁。这一系列的改革和变化，将城市空间完全转变为一种垄断公共资源和具有交换价值的生产资料，城市成为资本积累的主体。

3.3.3　以住区更新为手段的资本逐利

中国的住区更新运动在住房商品化建立之后愈演愈烈。新中国成立后“一五”、“二五”时期修建的工人新村越来越破败；工业化和城市化大量外来农民工聚集的城中村环境恶化；住房建设初期“见缝插针”导致的老城区功能衰败和用地混杂，均为市场化改革之后住区更新的大规模进行创造了基本需求。私人（民营）资本、国有资本、外资等各类资本纷纷介入，一方面，原有住区在更新后被彻底取代，包括原居民、原有的生活方式以及文化传统；另一方面，住区更新的结果不再仅仅是对住宅功能和空间的改造，往往在利用资本进行房地产经营时，与城市消费、产业甚至居住体验等紧密联系在一起。如“一座万达广场，一个城市中心”，万科的“无限生活”，碧桂园“给你一个五星级的家”，令城市空间的功能不断趋于高级化、高端化。原有的单位性质不同所映射在城市空间上的工业生产关系，逐渐演变成了以资本价值不同产生的人群在住区、消费等经济关系上的空间分异。这种住区空间分化过程是按照资本占有量为基础的社会阶层的分化[2]，现代住区更新以及由此造成的空间关系革命，是由金融资本与土地财政更紧密地整合完成的，并与地方政府对经济发展的诉求以及政绩的需要结合起来。

3.4　价值转向：效率与公平的新均衡（2010 年至今）

全面的住房制度改革使我国的城市住房逐步实现了货币化、商品化，住房的

1　吴缚龙 . 中国的城市化与“新”城市主义 [J]. 城市规划，2006，30（8）：19 － 23.

2　李春敏 . 马克思恩格斯对城市居住空间的研究及启示 [J]. 2001（3）：4-9.

分配体制也由再分配体制向市场体制全面转变，建立了市场化商品房与保障性住房的双重体系。国家的住房保障制度日益完善，推动了城市住区空间的发展，然而在此过程中，住房市场失灵的现象，如房价攀升过快、投机性需求膨胀、住房供给结构失衡等问题也日益凸显。1998 ~ 2003 年，平均每年同期完成国家经济适用房建设计划的比例不足一半，经济适用住房占全部商品住房建设的比例也在每况愈下，经济适用房的完成投资额、开工面积和销售面积的实际规模快速下滑（表 3-5），到 2009 年这三项指标只有 4.4%、5.7% 和 3.5%。直至 2010 年，全国“十二五”规划建设明确提出 3600 万套保障房，其中 2011 年要建设 1000 万套，并且要求各省市签署保障房建设责任书来保证建设的实施，保障性住房才进入爆发式建设阶段，逐步弥补多年市场化发展的欠账。住区更新产生的拆迁居民的安置也成为保障性住房的主要目标人群之一（表 3-6）。

经济适用房建设情况　　表3-5

年份	经济适用房完成投资		经济适用房开工面积		经济适用房销售面积	
	总额（亿元）	占商品住房（%）	总量（万m^2）	占商品住房（%）	总量（万m^2）	占商品住房（%）
1999	437.0	16.6	3970.4	21.1	2701.3	20.8
2002	589.0	11.3	5279.7	15.2	4003.6	16.9
2003	622.0	9.2	5330.6	12.2	4018.9	13.5
2004	606.4	6.9	4257.5	8.9	3261.8	9.6
2005	519.2	4.8	3513.4	6.4	3205.0	6.5
2006	696.8	6.0	4379.0	6.8	3337.0	6.0
2007	820.9	4.6	4810.3	6.1	3507.5	5.0
2008	970.9	4.3	5621.9	6.7	3627.3	6.1
2009	1134.1	4.4	5354.7	5.7	3058.8	3.5

资料来源：《中国房地产统计年鉴》。

保障房制度的政策变化 表3-6

	年份	相关政策	各项标准				
			保障范围	保障方式	住房标准	资金来源	产权性质
廉租房	1999	《城市廉租住房管理办法》	常住户口的最低收入家庭	实物分配	严格控制面积	—	不拥有产权
廉租房	2003	《城镇最低收入家庭廉租住房管理办法》	住房困难的最低收入家庭	实物分配 货币分配	低于当地人均住房面积的60%	1.财政预算支出；2.住房公积金增值部分；3.社会捐赠；4.其他	不拥有产权
廉租房	2007	《廉租住房保障办法》	住房困难的低收入家庭	实物分配 货币分配	控制在$50m^2$以内	比2003年多了①土地出让收益的至少10%，②廉租房租金	不拥有产权
经济适用房	1994	《城镇经济适用住房建设管理办法》	中低收入家庭住房困难户	实物分配	按国家建设标准建设的普通住宅	①地方政府用于住宅建设的资金；②政策性贷款；③其他	按有关规定办理房产登记
经济适用房	2004	《经济适用住房管理办法》	①当地城镇户口的住房困难家庭；②政府确定的供应对象	实物配祖 货币补贴	中套$80m^2$左右，小套$60m^2$左右	同上	按有关规定办理房产登记
经济适用房	2007	《经济适用住房管理办法》	当地城镇户口的住房困难家庭	实物配祖 货币补贴	控制在$60m^2$左右	同上	有限产权
公租房	2010	《国务院关于加快发展公共租赁住房指导意见》	中等偏下收入住房困难家庭	实物分配	严格控制在$60m^2$以下	—	不拥有产权

第 4 章　文化的空间生产——内城住区更新的实证

拆迁过程和我所说的剥夺性积累是在资本主义下的城市化的核心。它是资本通过市区重建而实现资本吸收和积累的“镜像”。也正是由它导致了因对这些宝贵土地上居住多年的低收入群体的剥夺而产生了大量冲突。

——大卫·哈维（1996）

内城住区更新的起点是对原有土地上居民的大规模拆迁，它是空间生产的典型过程。其典型性在于：城市中心是一切生产资料的聚集地，内城更新过程并不单纯是资本的逐利和扩张行为，更新的结果也不仅仅是对空间的改造和地租价值的提高，还映射了生产关系的再生产。其中的参与主体作为社会关系的承载者和反映者，它们的生产关系在更新过程中发生了何种变化？在这当中各角色是如何作用的？在生产过程的各个环节，物质空间、旧的居民日常生活是如何被冠以“文化”的名义而被改造的？而新的消费文化景观又是如何被生产的？这些问题将成为本章的重点探讨内容。

4.1　南京老城南的前世今生

4.1.1　抹不去的历史空间：一度的繁华

南京的老城南是南京居民最密集的地区，它以夫子庙为核心，东西至明城墙，南至中华门，北至白下路，其中南捕厅、门东、门西街区是老城南的历史核心地区。老城南基本囊括了历史南京的核心景观：明城墙、内秦淮、朝天宫、明故宫等，记录了 2500 年的老南京历史，被南京人誉为南京的“根魂”之所在。它的街巷从东吴时期形成机理，于明初基本完整（图 4-1），一直延续至今。

正如北京四合院是北京的名片一样，老城南自明代起就一直是南京的中心地。明代初期朱元璋调集全国能工巧匠聚集于此，是当时手工业和商业的中心。根据朱元璋对南京的规划，他将 45km^2 的老城分为 3 部分：西北军营，东部皇宫，南

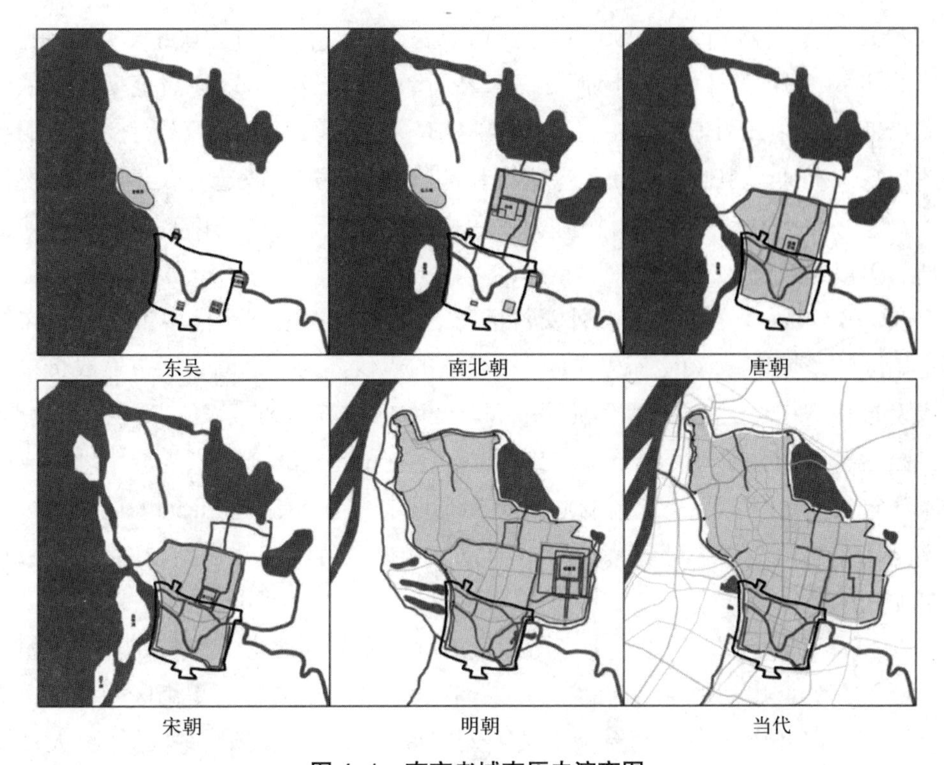

图 4-1　南京老城南历史演变图

资料来源：南京大学建筑学院，《南京城南历史风貌区保护与复兴概念规划研究》。

部居住。而内秦淮河沿岸，豪门大族的宅舍、别墅更是集中于老城南。历史上的老城南既作为政治中心也作为商业中心，同时更是居住中心区，这从老城南的街巷名称中可以证明。代表商业的街名有羊皮巷、打钉巷、白衣庵、颜料坊、绫庄巷等；代表政治的街名有安品街、南捕厅等。

新中国建立后，随着中山南路和升州路等主干道对旧有商业街的交通功能提升，以及新街口地区的商业中心成长，邻近的老城南原有商业和手工业逐渐演变成为为周边地区服务的商业中心，保持着它的多样和繁华。

4.1.2　跟不上的城市步伐：南京市老城南更新改造的“语境”（discourse）

2001 年南京市在“一城三区”建设中，提出了“一疏散三集中”的政策：“疏散老城区人口，工业向开发区集中、建设向新区集中、高校向大学城集中”。老城南由于居住密集而成为人口被疏散的重点地区，这一政策也成为老城南住区更新的起点。

2002 年南京被确定为 2005 年十运会举办城市，南京市加快了“一城三区”建设的步伐，拟订出“229 计划”——229 个项目为迎接十运会而上马，老城地区的拆迁改造被列为项目之一。2003 年提出了“三房改造计划”，对南京市的经济适用房、普通（中低价）商品房建设和危旧房片区进行改造，改善居民的居住条件，进一步提升城市形象。被列为“危房改造重点片区”的南京市老城南住区更新，也成为改造的重点。

2005 年地铁 1 号线通车、外秦淮河综合整治等一系列现代城市建设，作为历史街区的老城南地区似乎跟不上城市发展的步伐。为整个南京城市发展带来了重大发展机遇的十运会和建设项目，给老城南的旧有街区带来的却是拆迁命运。地铁沿线地区的老城南区位价值得到凸显，绝佳的地理位置使得老城南地块成为资本觊觎的对象。如果说之前的危旧房改造只是一个开始，真正的大规模的拆迁改造运动也自此真正拉开序幕。2006 年南京市政府提出“建设新城南”，矛头直指老城南的住区改造。

2009 年新年伊始，为了应对金融危机对城市发展的冲击，南京市借“保增长、扩内需”之势，启动规模空前的“危改”拆迁。残存的几片历史街区南捕厅、安品街、门东以及内秦淮河两岸全部被列入“危旧房改造计划”，开始了更大规模的住区拆迁。

总而言之，衰败的老城南成为城市现代化发展中的“破败”、“落后”的代名词，城市政府不断通过各式政策加强了对老城南更新改造的决心。拆除、改建、更新老城南已经成为各项城市发展政策的矛头指向。

4.1.3 更新前的社区现状：物质空间衰退与社会空间多样

规划确定了整个老城南住区更新项目 23 个（图 4-2），更新的总用地面积达 173.45hm^2，改造的建筑面积 140.8 万 m^2，涉及搬迁住户 37400 户，人口约 13.1 万人[1]。其中南捕厅地块是老城南范围内（明城墙中华门内）改造的最大地块（图 4-3），总用地面积约 16.8hm^2[2]，其连接新街口、夫子庙两个核心商业区的特有区位，也成为住区更新中的冲突地区。因此，本章重点以南捕厅为例进行分析。

---

1 南京市规划局，《关于老城南若干项目规划情况汇报》，2009.

2 南京市规划局，关于老城南若干项目规划情况汇报，2010 报市政府文件。

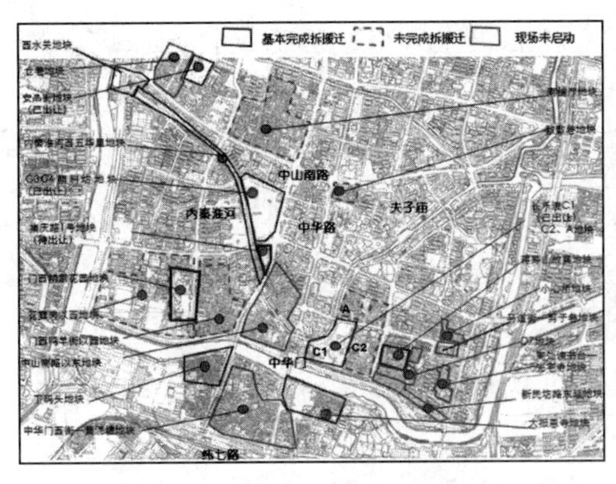

图 4–2　23 个老城南改造地块

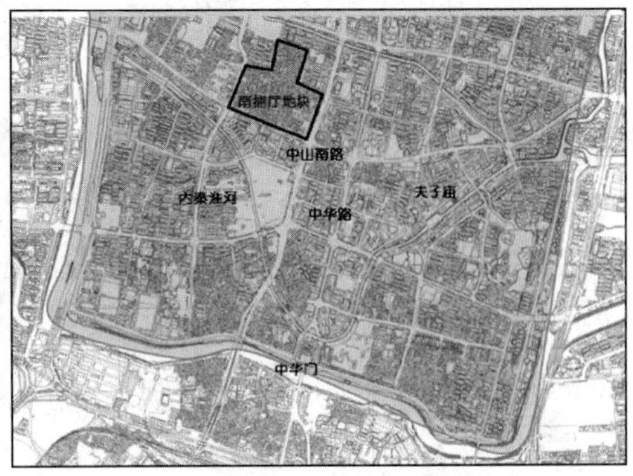

图 4–3　老城南最大改造地块——南捕厅

资料来源：南京市规划局，《关于老城南若干项目规划情况汇报》；《南京城南历史风貌区保护与复兴概念规划研究》，2009。

1. 南捕厅的住区变迁——跟随时代变化的衰退邻里

南捕厅在清代是南京城内专门从事缉捕工作的衙署之一。1860 年代，原先南捕厅的建筑物毁于硝烟弥漫的太平天国。1872 年重建，清末实行新政时又在此设立警察局继续了捕厅的工作，其名也得于此。在晚清时期，南捕厅已经形成了成熟的邻里，庭院式的木结构建筑群和街巷肌理一直保留至今。至民国时期，这里演变成为普通私人住宅和工艺作坊。

新中国建立初期，传统的手工艺人和商人因公私合营的政策，进入集体企业或国有企业成为产业工人，而这里留下来的大多数住房被政府收为国有，由单位或房管局管理。由于新中国建立后的住房不足，原有的庭院式私人住宅在公有化改造后内部房间被分配给多个居民居住，形成了现有的多户杂居的格局。加上“文革”结束后下放的 30 万名知青回城高潮，出现了祖孙三代人挤居老房的现象，人口的增加使一些住房困难户在房前屋后对房屋进行改建和加建，许多院子变成了大杂院，一些原来只有一二户人家的院子住了十几户人家。南捕厅也因此而成为高密度的住区空间，根据作者的调查，南捕厅地区现有的人均居住面积仅 7.4m^2。

1988 年开始，由于公房的私有化改造，大多数南捕厅的原有公房特别是单位公房被以较低的价格卖给当时的住户，使得部分居民成为“房改房”的受益者，也有一部分房屋继续由房管局拥有并以低价继续出租。以作者调查中的一住户为例，居住面积为 19m^2 的两口之家住户，每月向房管局交的租金仅为 28 元。

1990 年代中期，由于土地和住房的改革政策实施，南京市启动了以房地产为导向的城市更新。但是出于对南捕厅高密度的居住人口、历史文化的保护以及动迁经济成本等考虑，并没有进行拆迁式改造，只是对住区的基础设施如道路、排水、照明、公共厕所等进行了有限的修建和维护。此时在老城南地区，明清时代的旧住房和居住环境的物质型衰退使得一些富裕家庭通过购买商品房的形式迁出，留下来的多是由于国有企业改革的下岗工人、居住年限久远的老年群体以及其他的低收入家庭（表 4-1）。在调查的家庭人口年龄构成中，60 岁以上的老人占调查人口的 1/4 以上，处于南京中低收入的家庭比例为 52%。同时，老住区也有大量的外来人口，承租比例为 18%。

南捕厅住房调查——衰退的物质空间（单位：%，N=100）　　表4-1

家庭成员年龄		家庭成员就业		家庭成员职业		房屋面积		人均面积		人均收入	
0～5岁	4.5	上学	13.2	农民	6.2	10～20m^2	18	4～10m^2	34	<400元	0
6～18岁	9.4	工作	42.6	自主创业	15.9	20～40m^2	42	10～15m^2	28	400～1000元	22
19～30岁	12.8	失/待业	12.4	国有单位	29	40～60m^2	16	15～25m^2	26	1000～1700元	30
31～45岁	25.2	退休	31.8	私营企业	15.9	60～80m^2	20	25～40m^2	8	1700～3000元	18
46～60岁	21.3			外资企业	2.1	80～100m^2	0	40～60m^2	0	3000～5000元	26
>60岁	26.8			其他	4.8	>100m^2	4	>60 m^2	4	>5000元	4
无效问卷数											

来源：2011年3～8月调查问卷，样本数100，涉及居民的家庭成员数265人。

注：1. 为0数代表本次问卷没有调查到，说明比例较低。

2. 南京各保障性住房的申请条件之一：人均15m^2以下；2010年南京城镇人均居住面积为27.42m^2。

3. 1700元为2010年南京市中低收入标准。

2. 社会网络的稳固与市井文化的多样

虽然老城南的物质空间衰退已经成为不争的事实，但是从对南捕厅片区的调查来看（表 4-2），其社会网络的稳固性和活动的多样性使老城南住区依然保持着它特有的活力。住房主要以继承的老房为主，居住年限多在 10 年以上，而且 89% 的居民从未搬过家。这种状况在南捕厅片区中也占了相当大的比例，因此对社区有很强的归属感和认同感。

南捕厅的街巷从六朝到南唐、宋代乃至明清，1000 多年来街巷的格局没有太大的破坏，是南京城内保存最完好的老街巷格局（图 4-4）。在倡导功能分区的现代城市格局下，南捕厅街区凭借宜人的街区尺度和功能混合保持了街区活动的

南捕厅住房调查——稳固的社会网络（单位：%，N=100）　　表4-2

房屋来源		居住年限		家庭人口		搬家次数	
房管所	18	1年以内	2	1～2人	42	0次	89
继承	56	1～3年	7	3～5人	54	1次	11
自己购买	2	3～5年	6	>5人	4	2次	0
承租	18	5～10年	3			3次	0
单位提供	1	10年以上	82			>3次	0
其他	5						

图 4-4　南捕厅的街巷机理

图 4-5　南捕厅社区的生活空间

资料来源：南京市规划局《南京城南历史风貌区保护与复兴概念规划研究》。

多样性。历史城区所具有的密集的城市肌理、开放的住区空间氛围，催生了大量的小手工业者和小商业者，他们的存在构成了历史城区特有的市井气息（图4-5）。

3. 外人眼中的南捕厅

评事街社区服务站谭副主任：我本人不是老城南的住户，但是我在这边工作六年了，有很深的感情，特别是和老住户。我们街区居住了1600多户，其中每个月领取低保的家庭就有423户，主要是下岗失业人员。但是我们社区比较严重的就是环境和偷盗问题。这里来往的人多，很多原来住户搬走了住了打工者，或者是有些房子拆了一半放在那里成为流浪汉晚上睡觉的地方，很是头疼。

路人：我就在旁边南京证券公司工作，中午吃饭都来这边，方便便宜。至于环境，还是前些年好点，最近几年拆了大半，里面住的外来人越来越多了。

路人：我家是住在旁边的绒庄新村的楼房，就在南捕厅绒庄街，不属于改造范围。我是来这边做衣服的，这里面有两家老裁缝店。环境这两年差了，因为旁边的楼都起来了，这边还没有变化。

外来人员：我刚搬到这里，是在附近的商店做维修工，和别人合租了一个一层的房子，以前这里是南京日报社的宿舍，我住的地方是一层的储藏间大概有 40m^2，月租 1100 元，这里离市中心近、房租便宜。

在访谈过程中，南捕厅物质衰退的邻里已经成为共识，下岗失业者、低收入者、流浪汉等社会问题也成为南捕厅被改造的原因，然而，针对它的住区更新是为了解决这些问题吗？还是另有他算？还是只是将社会问题进行了地理上的转移？推土机清理式的住区更新，不过是把这些妨碍资本生产的社会问题转移到了他处而已。打着“改善居住环境”的旗号，事实上原居民的搬迁却在为“为他人作嫁衣”。

4.2 正在进行时：住区更新面临的资本摧毁

4.2.1 地方政府的更新困境：资金就地平衡之困

在经历了两轮的城市中心区开发，继新街口国际消费商圈和夫子庙文化商圈的打造之后，在这两地之间夹缝中生存的老城南土地变得弥足珍贵，南捕厅正是这块用地中最大的一个片区。从 2003 年开始，南捕厅项目就是南京市“三房改造”中危旧房改造的重点区域，2009 年又被列为南京市十大项目工程之一，而旧城原有的小街巷、传统手工作坊和商业已经远远“落后”于南京现代城市建设，与南京市现代大都市的定位不符。在这样的“话语”不断强化下，南捕厅似乎已经到了非拆不可的地步。

事实上从 2001 年起，南京市就为了吸引投资而启动了这一地区的规划。2001 年在修缮了甘熙故居后，将其转变为南京市民俗博物馆，成为历史文化的重要地标。但是由于南捕厅地区受到 2003 年的《南京老城保护与更新规划》影响，在 2004 年的《南捕厅历史风貌保护与更新详细规划》中规划的保护文物和建筑众多，加之高密度的居住人口和安置费用，它被认为“并无多大的开发价值而少有开发企业问津”。为了保证资金的就地平衡，让开发企业“有利可图”，南京市在 2006 年修改了南捕厅地区的控制性详细规划，新规划的土地用途为：一类居住、商业、办公、娱乐、金融、酒店用地。其中，南捕厅片区将投资 35 亿元建设高标准的中国园林特色别墅群及几栋高层住宅，这些别墅、公寓一旦建成，市价均不少于 4 万元 /m^2，商业用房甚至可达 5 万元 /m^2。如此一来，南捕厅历史地区保护的资金问题可以"就地"解决。土地财政使政府不得不考虑资金的就地平衡问题，即拆迁安置补偿经费可以从土地出让金中获得平衡，甚至为了获取更多的差额收益，让地方政府竭力压缩补偿经费，提高土地收益。

4.2.2 国有资本的介入：受限制的资本开发

规划修改之后，2006年在没有完成国有土地使用权征收的情况下，南京市将15.4万m^2毛地[1]经过协议出让方式给南京市城市建设投资控股有限责任公司（以下简称南京城建集团）下属企业"南京历史文化街区开发有限责任公司"进行商业用途开发，并且在协议中并没有设定开工和完工日期[2]，由此南京城建及其下属企业成为南捕厅改造中的重要参与者。

南京城建集团公司组建于2002年，它的主要职能是接受市政府委托，承担城市的投资、融资、建设、运营和管理的国有资产公司，从2002年起，城建集团就与南京市政府合作进行基础设施建设，如钟山风景区旅游开发、地铁一号线开发、秦淮河整治等，这一系列工程项目，使得城建集团与南京市政府形成了互助互利的合作关系。为了实现更好的资金运作，项目领域也由以基础设施投资开发为主，逐渐扩展到房地产开发领域。

尽管城建集团以协议方式获得商业用途地块的结果倍受争议，但是南京市国土资源局不断强调，由于"南捕厅地区项目的特殊性"[3]，所以交由国有开发企业进行开发。城建集团欲投资完成拆迁和开发，其中拆迁由城建集团投资，项目所在地的秦淮区政府协调配合完成。但是，南京市并没有将南捕厅的地块一次性完全交付城建集团进行开发，而是将南捕厅分为四期，通过《建设用地规划许可证》等审批手段控制城建集团的开发速度和进度（图4-6），政府需要事先和开发商达成协议以满足预期目标才会允许其开工建设，每实施完成一块再开始下一块的开发，保证其满足政府的预期。除了受到政府对项目的干预外，因为专家、居民的多次抗争和阻断乃至来自于中央政府的压力干预（见下节），南捕厅的"别墅"规划不得不被修改。最终确定的方案为（图4-7）：南捕厅一期为甘熙故居的修缮和维护（图中蓝色）；二期为"熙南里"商业文化街建设，位于甘熙故居周边（图中紫色），原有居民住宅全部被拆除，并建造"仿古"建筑作为商业用途，其目

1 毛地：其上还有原居民，需要开发企业解决拆迁复建费用。

2 南京政府官网，网络问政回答 http：//www.njbbs.gov.cn/simple/?t9465.html.

3 同上。

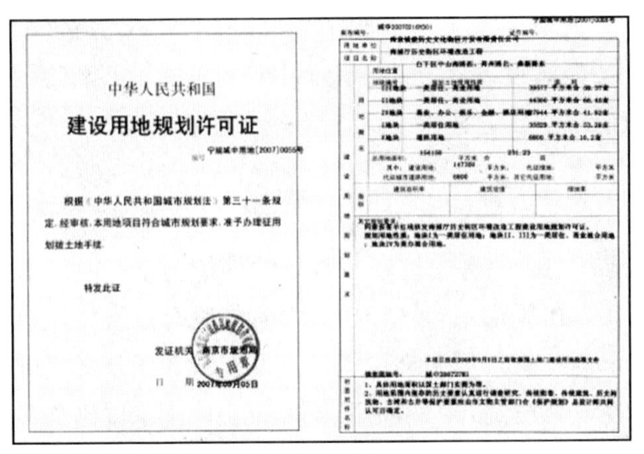

中华人民共和国

建设用地规划许可证

根据《中华人民共和国城市规划法》第三十一条规定，经审核，本用地项目符合城市规划要求，准予办理征用划拨土地手续。

特发此证

发证机关 南京市规划局

日 期 2007年09月05日

图 4–6　南捕厅地区建设用地规划许可证

图 4–7　南捕厅项目一、二、三、四期的用地范围

资料来源：姚远的新浪博客；南京市规划局，《关于老城南若干项目规划情况汇报》。

标定为是南京老城南的文化特色商业街区，与新街口、夫子庙形成三点一带的南京文化消费片区；三期工程为南北两个街区，南区为名品购物体验区，北区为创意文化产业园（图中绿色）；四期被定位为风貌保护区，是南捕厅最大的动迁工程，将使片区内的 4200 户居民和 52 户工企单位搬家（图中白色）。

4.2.3　专家、本地精英和中央政府的多次阻断依旧无法阻止大规模拆迁

南捕厅的商业开发并非一帆风顺，先是老城南颜料坊地块的林氏学塾、山西会馆、封崇寺、菩提律寺等几十处文物保护单位被拆；后是安品街，以清代杨桂年故居为代表的多处文物保护单位惨遭拆除；在南捕厅，以民国建筑王炳钧公馆为代表的老街区被拆毁殆尽。2006 年，南捕厅文物控保单位被毁以及要修建别墅的消息通过本地的一些精英和居民的抗争在媒体上进行了曝光，多位从事历史文化研究、保护的学者呼吁保留这一南京最后的旧城，吴良镛、叶兆言、陈志华、傅熹年、舒乙、郑孝燮等著名人士联名上书国务院，请求保护南京老城南，制止疯狂的拆迁行为。时任国务院总理温家宝作出批示，南京市有关领导表示“按照专家们的意见保护老城南，一定不拆了”，南捕厅项目暂时搁浅。

然而，事实上随后的拆迁行为还在发生，特别是经历了 2008 年的经济低谷，南京市提出“扩内需，保增长”，老城南拆迁被再次提上日程。2009 年年初，白下区、秦淮区的南捕厅、门西、门东、教敷营等被列入“危旧房改造计划”，老城南包括南捕厅在内再次陷入大规模的拆迁。2009 年 4 月一些专家学者再次联名上书住建部、

文物局、国务院，温家宝总理再次作出批示，要求住建部、国家文物局等相关部门尽快派出调查组加紧调查处理南京老城南拆迁事件。令人遗憾的是，多次的上书与阻止还是没有能制止老城南拆迁的步伐，南捕厅最终还是消失在了资本的浪潮里。

2004 版规划保留一类建筑 9 处，二类建筑 33 处，三类建筑 33 处，计 75 处。2006 年规划保留一类建筑 9 处，二类建筑 7 处，计 16 处。2008 规划保留一类建筑 8 处，二类建筑 5 处，共计 13 处（图 4-8 ～图 4-12）。

图 4–8 2004 年规划保留住宅及建筑

图 4–9 2006 年规划保留住宅及建筑

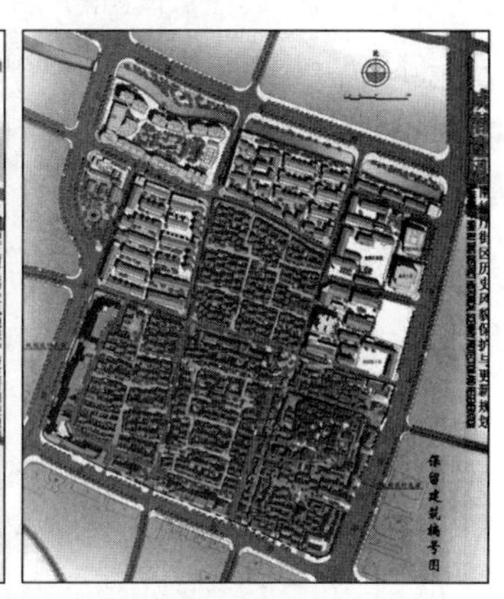

图 4–10 2008 年规划保留住宅及建筑

资料来源：南京市规划局《南京城南历史风貌区保护与复兴概念规划研究》。

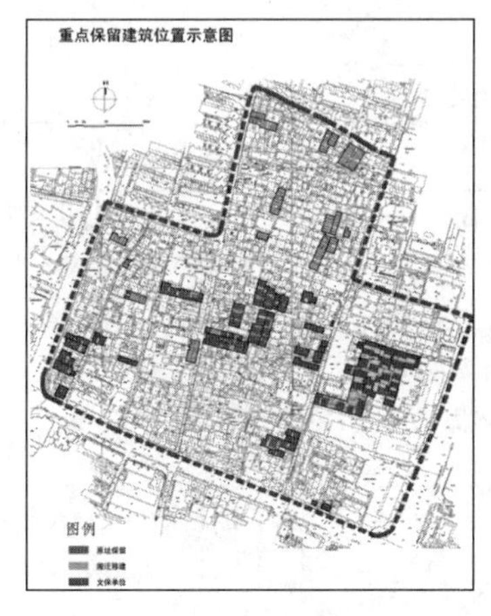

图 4–11 2009 年最终保留的住宅和建筑

资料来源：南京市规划局，《关于老城南若干项目规划情况汇报》。

图 4–12 一个老人的独白——逝去的城南与生活

图片来源：墨西哥学者 Brenda 摄于南京老城南。

4.2.4 居民的集体反抗

南捕厅的更新过程并没有预期的那么顺利，资本克服的不仅仅是权力和空间障碍，还有与由居民、专家精英和中央政府等结成的“联盟”进行了相当长时间的博弈。正如亨利·列斐伏尔所言：“如果空间作为一个整体已经成为生产关系再生产的所在地，那么它也已经成了巨大对抗的场所”。

动迁伊始，上百名原住民集体写信吁请留下南京的根；还有一些原住民积极寻求社会的帮助，配合新闻媒体、专家学者的调研工作，并联合本地的精英和专家两次联名上书中央政府。国务院于2006年、2009年两次作出批示保护老城南，为此，南京市政府专门成立了“城南历史城区保护与复兴建设指挥部”并不得不放弃原有的“别墅”规划，转向保护式更新，居民和专家们取得了小范围的胜利。

4.2.5 协调指挥部门的成立

老城南事件是使政府、专家、居民、开发企业共同头疼的问题。2010年南京市政府成立了“南京城南历史城区保护与复兴建设指挥部”(南京城南历史街区保护与复兴有限公司)，注册资金10亿元，由副市长任指挥长，同时由市级部门和区政府共同负责，决定城南地区历史保护与复兴实施工作由国有资金完成，提出所有老城南保护项目将由该公司统一规划、运作，不再实行就地平衡和就区平衡的更新方式（表4-3）。

南京老城南发展与保护的历史大事件一览表　　表4-3

时间	历史大事件	历史大事件的内容
前496年	南京城南的诞生	春秋时范蠡在城南长干里筑城，史称越城；三国时东吴迁都建业城，以秦淮河居民区为中心，开六朝金粉盛况之先河
1368年	老城南的进一步发展，奠定老城南的现状格局	明初朱元璋建起世界第一宏伟城垣，都城47万人，手工业工人20万余人，居于城南，秦淮两岸，百货杂陈，商贾云集，街巷星罗棋布，构成南京古城中最具历史特色和江南庭院式的居民格局；后经清朝、中华民国、新中国，城南街巷仍保留着明初的格局和风格
1984年	编制《南京历史文化名城保护规划》	规定了老城南重点保护范围：要尽可能保持整个风光带（包括门东、门西）的古街巷格局，并以乌衣巷、琵琶巷、殷高巷、鸣羊街、高岗里为重点保护范围
1990年	夫子庙周围的大小石坝街等因城市建设毁于一旦	因城市建设、拓宽马路，众多老城南建筑毁于一旦：随着集庆门的开辟和中华路、新中山南路的拓宽，像夫子庙周围的大小石坝街等，均以拓宽道路为名毁于一旦

续表

时间	历史大事件	历史大事件的内容
2002年	南京再次组织编制《南京历史文化名城保护规划》	将城南传统民居列入保护范围：对规划中的“城南传统民居”、“南捕厅传统民居”，要求除了保护以文保单位为代表的有历史价值和使用价值的古建筑，更重要的是保护其特定的历史风貌，即传统的街坊和明清时期的建筑风格
2003年	《南京老城保护与更新规划》出台	划定门东、门西、南捕厅、安品街等历史街区为历史文化保护区，要求整体保护街巷格局、尺度、绿化以及街巷两侧建筑界面。同年，90%的南京老城已被改造
2006年8月	市房管局发布老城南多个地块的拆迁公告	对南捕厅4号地块的马巷、南捕厅、大板巷、定盘巷、观音庵实施拆迁，除此外，南捕厅以西7处、南捕厅以南12处列入拆迁范围；以南捕厅4号地块为例，在未经公证的情况下将15.42万m^2毛地以划拨的方式划给南京城建历史文化街区开发有限责任公司进行再开发，土地用途确定为：一类居住、商业、办公、娱乐、金融、酒店用地
2006年8月	16位著名学者上书要求保护老城南，温家宝总理第一次批示	侯仁之、吴良镛、傅熹年等16位著名学者上书要求保护老城南，温家宝总理作出批示，在北京召开的整改会上南京副市长表示按照专家们的意见保护老城南，一定不拆了；此后老城南的动迁暂时沉寂
2009年年初	南京市推出的大规模危旧房改造计划，再度将南捕厅一带推入险境	2009年年初，南京市推出的大规模危旧房改造计划再度将南捕厅一带推入险境，白下区、秦淮区的南捕厅、门西、门东等被列入危旧房改造计划；上百名原住民写信吁请留下南京的根；这一呼吁被拆迁人员视为“螳臂当车，不自量力”；3月1日动迁组开进现场，拆迁谈判的阵势骤然加诸老城南居民的头上，平静的生活再被打破，8000元/m^2左右的补偿标准让居民们难以接受，软磨硬抗无处不在
2009年4月	29位专家联名上书住建部，温家宝总理再次批示；国家文物局局长及国务院调查组实地调查并责令停止拆迁（转机）	2009年4月间，南京博物院前院长梁白泉、南京大学历史系教授蒋赞初等29位专家联名上书住建部、国家文物局。温家宝总理再次批示，要求有关部门抓紧时间调查处理。2009年5月27日，国家文物局局长单霁翔来到老城南，严批了南京所谓“镶牙式保护”之说。6月国务院调查组来老城南实地调查，并明确责令立即停止甘熙故居周边拆迁
2009年8月	市规划局组织城市总体规划历史文化名城专项规划专家座谈会	政府部门与专家学者所持两种观点发生激烈较量：规划局及相关部门人员认为老城南大部分建筑没有保护价值；大部分专家认为老城南是南京历史的记忆，建议进行文物普查
2009年9月	两路人员同时开展南捕厅街区文物建筑普查工作	南捕厅项目现场指挥部委托南工大汪永平教授对该区域建筑进行第三轮普查，共甄别出拟保护建筑48处；杨永泉、吴小铁、周学鹰、姚远等联名递交《关于认定南捕厅地区不可移动文物的申请》，申请将109处传统民居认定为不可移动文物，政府部门当天受理
2009年12月	南京公布2010年十大城建项目，老城南花16亿元改造	南京老城南的改造中，重点是实施“一线三片”的改造，一线是指内秦淮河后五华里沿线的改造，三片分别指南捕厅片区、以蒋百万故居为核心的门东片区、以胡家花园为核心的门西片区

续表

时间	历史大事件	历史大事件的内容
2010年8月	10亿元巨资注册专门公司老城南保护将不差钱	政府就老城南的历史保护成立"南京城南历史街区保护与复兴有限公司"，注册资金10亿元，今后所有老城南保护项目将由该公司统一规划、运作，资金也不再是项目运作方就地平衡，而是由政府统一筹措，协调解决
2010年11月	南京新版《南京老城南历史城区保护与整治城市设计》出台	新版《老城南历史城区保护与整治城市设计》出台，老城南迎来保护与复兴：老城南将塑造成以中华门为核心，以明城墙为背景，以十里秦淮为纽带的城市象征和名片。先期启动"二线三片"的保护与复兴，即明城墙沿线、内秦淮风光带一线和门东、门西、南捕厅三片

资料来源：陈浩.转型期中国城市住区再开发中的非均衡博弈与治理[D].南京大学，2010.

4.3 参与主体的空间生产关系转变

4.3.1 地方政府：从城市福利的提供者到空间生产的操纵者

在新中国建立初期到1990年代初期的南捕厅更新中，政府作为社会福利的提供者，主要目的是为了改善当地居民的生活条件，更新的方式是帮助当地居民对基础服务设施进行修缮，政府提供资金，满足居民的基本住房需要。然而城市空间商品化之后，南捕厅的空间价值日益体现，为了提高财政收入，地方政府变成了市场化更新的操纵者，与当地的国有资本联合推动内城住区更新的实现。

综合效益是地方政府的行为"逻辑"，一是项目本身要符合政府预期；二是能够获得长期收益，也就是税收收入以及相关地区的带动作用；三是当前的项目也要和政府的经济政治活动、目的密切相关，即城市经营目标的多元化，如城市发展定位、主导产业方向、近期发展目标等。因此，往往在土地推出之前，政府已经有了发展规划和项目设想，为了确保实现这个目标，提前已经进行招商引资，与有合作意向的开发商有了密切沟通，从而确保土地不流拍，且能够找到一个相对信任的开发企业保证政府对项目的预期结果。如果通过完全市场化方式即土地的招拍挂形式，纯市场操作往往使资本的追利行为更为单纯。因此，为了实现政府权力对预期的更新结果的可控性，政府往往通过各种审批和政策制度来实现。如在南捕厅案例中，政府通过将土地划分为四期的分批开发、审批手续的批复以及规划中对建筑限高等策略进行对资本的控制和操纵。

与风靡全国的上海石库门新天地改造不同的是，南京南捕厅的改造并没有外资的注入，而是全部由南京市政府联合国有资产下属的开发公司共同开发。这样的一个政企联合体，为了追求级差（rent gap）而进行以文化为标签、以地产型为导向的住区更新，有其内城住区更新的共性：权力对资本预期的控制；也有其区别于其他地区更新的机制：国有资本与权力的结合，追求的不仅仅是级差地租，更是一种垄断地租（monopoly rents），是国有开发企业与政府本身就具有的“关系资本”，通过地方政府对土地的垄断权力机制来实现。

4.3.2　开发企业（国有企业）：从政府的分支到开发商

开发改造南捕厅的企业是南京市政府拥有的公司南京城建集团，它的前身是南京市建委下设机构，其本身在成立之时是政府职能的分支，即主要对政府的基础设施建设等规划进行运作和实施。从其一开始承担的南京地铁线、秦淮河整治等建设可以看出，它更多承担了政府的城市建设功能。然而，国有企业改革使得它于2003年成为了独立企业（国资平台），具了有双重属性：一是保有了原有的国有企业性质，与南京市政府保持合作关系，项目开发中更多的是要满足政府要求，有时是微利甚至利损的（其负责人坦言道：很多政府的大型项目我们在运营时候是微利甚至是亏损的，这样的项目很多开发商是不愿意做的）；二是具有了市场性质，通过一些开发、经营项目使企业获利。

在这种情况下，国资平台一方面成为政府的代言开发商；另一方面又保持了资金的相对独立，在更新改造成本很高而政府又无力承担的情况下，这些国资平台提供资金支持，同时解决“政府没有那么多的专业队伍、花费那么长时间运营整个项目”的难题。然而权力和国有资本的结合，依旧保持了政府集裁判员和运动员为一体的身份[1]，国有资本开发企业的特殊性，使得其获利本质上即是地方政府获利。

因此，国有资本的双重属性决定了权力依赖国有资本可以最大限度地配置垄断资源，进而最大限度地实现政府的战略意图；国有资本依赖权力更易获得空间生产的优先性，但又不得不屈服于权力的规制，即更好地服从权力设定的限制，从配置稀缺资源和控制生产剩余的角度，权力和国有资本相互加强，利用垄断资源（土地）生产而将垄断价值保留在权力体系的内部。

1　企业领导为政府事业编制人员。

4.3.3 居民：从更新的合作者到空间生产的抵抗者

福柯指出，空间及其规训往往具有压迫性的力量，在此环境下，微观的抵抗往往只是暂时性、局部性的微小胜利，它不能取代资本和制度的影响。由南捕厅更新来看，居民的反抗效果是微薄的，即使是取得了暂时性的胜利（规划进行了修改），还是难以阻挡权力和资本对空间的操纵（最终难以逃脱拆迁的命运）。可以说，以住区更新事件为代表的资本力量日益渗透进了居民的日常生活，并在某种程度上控制了日常生活。从新中国建立初期，城市更新中居民配合基础设施改造，发展到现阶段，居民对清理式更新进行激烈反抗，伴随着更新的推进，住区居民的抵抗也将越演越烈。居民对空间生产的抵抗，是与空间的商品化生产以及与更广泛范围的“反市场”、“反资本”密切相关。居民表面上是为了争夺自己的空间使用权益，但是本质上是面对日益扩张的资本力量和不正义的空间生产表现出一种反抗，其本质是被动地构建市民社会的一种形式。

4.3.4 住区本身：功能不断置换以适应资本持续发展

由于资本固有的动态性，它不断使自身创造并依据其进行再生产和扩张的布局情况显得陈旧。物质型衰退把南捕厅推向了现代住区更新之路，固定资产折旧成为资本循环的前提条件。但是，将南捕厅的更新置于城市发展的总体背景来看，它无疑是资本解决过渡积累的一种手段。

在资本向第一循环生产性投入时，形成了高密度的社区并转换了旧有的生产关系，将原来的手工业以及小商业者转换为产业工人，形成了所谓的“工人社区”；然而这种对应于资本生产的社区结构，在为了解决工业过渡积累时被瓦解，由资本构建的它本身又成为被资本改造的对象，以适应新一轮的“资本生产方式的空间化”。在地方城市越来越注重现代化、国际化建设之时，资本与地方行政力量结成了强大的联盟，并与国际范围的新自由主义接驳，被冠以“城市复兴”和“塑造活力”等标志，这就意味着老城南社区被贴上了固有的标签：衰落的城市住区。看看旧的居住社区的社会空间形态是：适宜步行的街道，敞开的大门，街道生活游戏等，凭借单位、日常生活和社区交往所形成的、为满足建立在工业生产之上的社会关系以及传统邻里被资本瓦解，原有的人际关系和社会网络被新的空间生产所摧毁。资本空间的进展压倒社会空间，成为城市发展的新主题，由住区更新所开启的空间，需要资本力量去开发、建设和经营，即使是原有土地上再拥挤的住区空间也无法与住区空间功能置换后的交换价值相提并论。

4.3.5 非物的行动者（Non-material）：各类政策文件、精英网络（network）和专家知识

权力通过“语境”（discourse）表达，而这些语境就是非物的行动者，它们在城市更新中起到了非常重要的作用。如果没有话语的生产、积累、流通和发挥功能的话，这些权力关系自身就不能建立起来和得到巩固[1]。在老城南的更新过程中，主要包含了三类“非物行动者”的生产：政府的各类政策文件，精英的网络和专家的知识。

政府通过各类政策性文件不断地扭转大众对于城市住区更新的理解，1960 ~ 1990 年代时期提出“改善居民生活环境”，城市更新的方式是“政府出资，居民互助”来对社区基本的市政服务设施进行改善，居民互助对自家的房屋“涂墙粉，漆地坪”。而发展到如今，先是提出“历史文化保护”的口号以对周边的房屋进行拆除，而后是提出“老城人口疏散”，再后是“危房改造”……步步紧逼式的政策宣传，通过历史文化保护立法、总体规划修编、政府发文、大众媒体的配合和一些符号标语等（图 4-13），以将清理式的城市住区更新变得合理、合法化。这样“不同阶段应该接受政府提出的不同住区更新方式”便成为满足权力规训需要的产物，它将服务于地方政府自身的思想和观念通过规范和传播，使之“深入人心”，并让被规训的对象（居民）产生惯性的思维方式，认为住区更新是

图 4–13 将住区更新合法化的各类符号标语

图片来源：摄于南京老城南

1 福柯 . 权力的眼睛：福柯访谈录 [M]. 上海：上海人民出版社，1997：22-35.

合理的[1],“话语语境”（各类危房改造等与城市更新相关的政策）的生产则成为传播这些“真理”和施展权力的工具。

老城南的一些居民以及城市中的文化精英，通过自己的网络联合社会相关力量甚至是借助于中央政府，结成了抵抗住区更新的联盟。精英网络利用自己的知识转化为居民抵抗的力量，例如专家向居民提供知识支持，告诉居民规划事先没有取得居民认可是政府的失职，以及不断向居民注入城南不仅仅是他们的住所也有他们的情感记忆等认知，来帮助居民维护自己的居住权利。

所有门类的知识的发展都与权力的实施密不可分[2]，在机制与权力所生产出“真理话语”的作用下，规训权力推行的社会规范取得了成效，至少让老城南的住区更新规划进行了修改，并让政府不得不更多地考虑公众的监督和可能造成的影响，这些非物的行动者作为一种工具广泛存在于住区更新当中。

4.4 双城记：老城南南捕厅里的“熙南里”（基于空间三元辩证的思考）

在现代化的状况下，专断的政治空间势力日趋扩张，觉得新生活近在眼前的印象越来越强烈，到处可见新生活的幻想一再被强化，真实生活看来与我们如此接近。像是从日常生活中伸手可及，仿佛我们与镜子那头的美好真实是零距离。

——列斐伏尔（Henri Lefebvre）

被改造过的“南捕厅”重新更名为“熙南里”，成为了“南京老城南将再现商业繁荣景象”的新空间，它成为南京全球化展示的橱窗，是全球城市都市中心的地标，也是列斐伏尔所谓的“纪念性空间”(monumental space)。披着耀眼的外貌，凸显资本迅速集中改造成功的同时，隐藏了资本透过纪念性空间以快速排挤、替换当地居民生活空间的事实。

---

1 在访谈中，许多居民提出，他们愿意配合政府的拆迁工作，因为是为城市建设做贡献，但是补偿实在太低，无法生活。

2 （法）福柯．权力的眼睛：福柯访谈录 [M]. 严锋译．上海：上海人民出版社，1997.

4.4.1 原有空间实践的消亡——被拼贴复制的“熙南里”

1.“推陈出新”还是“破真造伪”？

南捕厅以及周边地区的住区更新，本是以保护与传承南京历史文化为宗旨，通过营造“南捕厅历史文化街区”来达到保护和发展的目的，而今“南捕厅”几乎不复存在，出现在世人眼前的却是在南京的历史和地图上找不到的“熙南里”。“熙南里”的名字别出心裁，南京有史以来从未有过的“熙南里”，其来源是把“南捕厅”另改他名的创意[1],即把位于南捕厅的核心保护地区甘熙故居中的“熙”字，南捕厅中之“南”字，与传统住区名称“里弄”中的“里”字结合起来，却把南捕厅弃而又抛之。其意与上海新天地的名称如出一辙：上海的“石库门”地区改造，也用新天地的名字取代了石库门，恐怕以后只有人知晓“新天地”，而无人知“石库门”是何许。而即使是“熙南里”这样一个地名也不过是一个符号，“里”字也早已失去了它真实的含义。秦始皇统一六国后废除分封制，建立郡县制和户口编制制度，“十户为一里，十里为一亭，十亭为一乡，若干乡为一县”。明代南京的城市中的里又称坊，近城者则称厢。明代郡县制中规定了：“每里人户为一百一十户”,原本代表住家户数的“里”失去了它的原本意义,成为当今商业街的一个符号，只剩下这个“里”字还记忆着这里曾经是旧时居住社区的真实（图 4-14)。

图 4–14 原有肌理与拆迁后的破坏

资料来源：南京市规划局，《南京城南历史风貌区保护与复兴概念规划研究》。

---

1 这种既违反我国有关地名法规，又违背历史真实，打着保护历史文化名城、促进和谐科学发展旗号，更新南捕厅历史文化风貌和人居环境的改善之幌子，几乎拆尽了南捕厅老街，却人工打造出似新非新、似古非古的在南京地图上从未有过的“熙南里街区”。这是保护南京老城南的历史文化遗迹呢？还是损害南京老城南的历史文化遗迹呢？

哈维（David Harvey）对于艺术在后现代中的实践给予如此描述："对外表而非对根源的依附，对拼贴而非对有深度的作品的依附，对附加的复述形象而非对经过加工的外表的依附，对崩溃了的时间与空间的意义而非对牢牢获得的文化制品的依附[1]。"南捕厅的文化式更新改造，正是这样一个历史名字、传统文化、新型空间、全球文化消费拼贴出的，表现出符合后现代文化特有的模糊不清晰质素的空间（也是索亚所谓的"第三空间"）更新结果。

2. 老城南新城事：原有空间实践的消亡

配合新的南京城市一揽子建设计划，新的老城南"门东箍桶巷仿古一条街"、"熙南里商业文化街"、"颜料坊秦淮河步行走廊"等通过更新被建设出来，从这些支弄和坊间无不再现了明清、民国时期城南作为商业中心的繁荣。尽管媒体上一再宣扬游客人次、人流量之大，但事实上并非如宣传的那般充满活力。而原有的老城南内存在着多元的商业形态，这些便利的低消费、低层次商业恰恰能给南京的老城增添不少商业活力，也给社区居民带来生活的便利。此外，原有商业也是部分久居在此居民经济收入的主要来源。但更新改造后这些商业形态将不复存在，整个地块将按照功能"纯化"进行分区，这并不仅仅意味着居住空间和生活环境的变化，同时也带走了老南京人习以为常的生活方式和生存状态。新模式在带来更高商业价值的同时，也标志着由内部土地混合利用带来的社区多样性的消失。它由原来的"差异化空间"逐渐转化为打着文化商业化标签的同质化空间，以文化为标签的消费主义空间在巧妙利用地方性元素的同时，正瓦解和颠覆着社会生活的多样性和地方性文化传统，同时在另一方面推动了精英阶层的消费主义观念，以及对于空间生产的控制。

4.4.2 空间的表征——文化的符号化

1. 被兜售的文化符号

把空间打上"传统文化"的标签，从而使自己有别于其他像工业化复制品一样泛滥的商业空间，让资本生产出更多的价值。从熙南里商业街的广告中不难看出，"南京人文精华"、"传承金陵文化"等都作为了对熙南里商业街特殊性的定义（图 4-15），昭示其有别于其他。南捕厅历史街区之上的"熙南里"以 3 层为

1 戴维·哈维．后现代的状况——对文化变迁之缘起的探究 [M]. 阎嘉译．北京：商务印书馆，2004，P85.

熙南里的商业楼盘广告

以“金陵历史文化风尚街区”为功能定位，涵盖休闲零售类、风尚餐饮类、专属服务类商铺。室外是别具韵味的历史风情，室内是现代化的生活方式，沉静在此，体验古色古香与现代时尚的融合，这是一个值得留恋与欣赏的地方。（熙南里三大特色功能分区，分别为休闲零售区、风尚餐饮区、专属服务区）休闲零售——引进适合项目整体定位的各类休闲、零售商家。如古玩钟表、民俗服饰、特色甜品等。风尚餐饮——以适合项目定位的餐饮类为主，引导异域风情美食、中华餐饮、私家菜等。专属服务——以雅致茶馆、高档会所、清雅音乐吧为主，以舒适长三角高端消费人群及目标人群消费需要。熙南里将以它的独特风格和优越区位，浓缩南京人文精华和历史发展风采，传承金陵文化，演绎风尚生活．

图 4-15　熙南里的商业楼盘广告

主，采用现代结构形式，至多属于“仿古建筑”。而完全迁走原住民，改原居住功能为商业功能，修改原有的空间尺度、氛围，使人文环境更是“物非人也非”。索亚指出，全新的后现代文化的崛起，不仅仅作为一种文化意识形态或者文化幻想，而且已经作为资本主义在全球的、继第一次帝国主义制度扩张和第二次国家市场扩张之后的第三次具有独特性的大扩张。每一次扩张都有其自身的文化特性，生成了与其动力相适应的各种新的空间形式。熙南里无疑也是索亚所说的这“第三次文化扩张”的产物。

2. 强加的文化隐喻

开发者提出了老城南的改造要比城南更“城南”的构想（图 4-16、图 4-17），因此把改造的空间打上“传统”、“文化”的标签，在开发者、地方政府和技术规划者的共同推动下，“熙南里”文化商业街更新结果成为城市政府设定的标杆，而它事实上不过成为概念化的纪念性空间。即使是作为商业街，真正衡量其品质高低的应该是餐馆菜品是否可口、商铺内的商品是否物美价廉以及服务的好坏等等，然而，这些在广告中却毫无踪影。更多的却是对想象和幻想的一种昭示：“风尚”餐饮、“专属”服务、“演绎风尚生活”……，生产者和消费者都被卷入，全球中产阶级的消费文化昭示其中[1]。而这种被强制叠加在消费空间之上的文化特性，在其开发中被大家以图像和符号的形式所接受。与其说这是全球化与地方较量过程中的一种折中处理方式，不如说是空间为自己披上的地方化的文化外衣，以昭示其特殊性和稀缺性，从而借助于文化来获得更多的资本增值。通过渲染消费环境，即空间本身使其成为流动资本的一部分，再利用这种符号的表征为诱饵，给人们强加不可或缺的美好的空间和文化幻想，并使之相信而心甘情愿地进行消费。“所有的感觉皆是具有地理性（geographical）的，因为每一个正在被经验（experience）的或是已经被移除的感觉对人在空间中的定位、对空间关系的了解以及对地方的特殊性质的认识来说，皆是有贡献的”[2]（Rodaway，1994）。简言之，人们对空间的文化想象有相当一部分是透过这些制造感觉的符号和空间的邂逅被建构出来的。

图 4-16　真实的老城南

图 4-17　改造后的老城南——比城南更“城南”

1　周晓虹 . 中国中产阶层调查 [M]. 北京：社会科学文献出版社，2005.

2　Rodaway, P. Sensuous geographies [M]. London：Routledge.1994.

4.4.3 再现的空间——全球化都市的塑造

1. 对全球化都市镜像的迷恋

不得不说在经历了一系列的快速经济增长之后，中国城市面临了经济转型的压力，纷纷效仿西方国家的城市复兴或再造手段来重新结构，“拆迁”是为了塑造有竞争力的全球城市的需要[1]（Smith，1996）。事实上，这种利用老南京文化式空间进行城市空间更新和塑造的方式与全球其他城市如出一辙，这些城市是彼此的“镜像”，全球化大都市北京、上海、广州等都是按照资本所需产生的南京空间理想原型，是不断再现的对于资本主义大都市镜像的迷恋。在“全球城市”这个镜子前面所看见的被当作此时此地的具体现实，实际上是镜子所反射的幻影，空间的真实性隐藏不见——全球空间伪装成真实的生活空间，而真正的生活空间被表面的辉煌所掩盖。正是地方城市涌现的这种全球化想象，才使得不断涌现的世界级高楼成为其全球化身份的代表。正是在这样的背景下，老南京所孕育的怀旧文化才会成为一种独特的地域文化景观，既有仿造历史建筑所承载的有咖啡厅、西餐厅这样的舶来品，也有老南京的老字号。两者的矛盾碰撞和模糊不清的混搭正是体现了在对全球文化身份的想象中，文化已经演变为一个空间符号。本该是由日常生活体验和居民生活所构筑的文化变成了由空间的镜像（全球化大都市）所塑造的真实，在由融入全球化和保持地方化意识形态所积聚的、由空间制造的文化幻象之中，历史与现代、异国情调与地方传统相交织，文化与体验发生了时空的错位，用一句当下流行的话说就是一种有被“穿越”的感觉。

2. 谁的城市？谁的老城南？

当南京“众望所归”地追求与世界接轨之时，居民却似乎与自己熟悉的尘世空间渐行渐远，如果不适应全球化大都市的建立潮流即要被淘汰。通过空间的打造吸引外资，吸引中产阶级人士，中产阶级群体的诉求在城市追求全球城市的过程中进一步被合理化、自然化，成为南京建设全球城市的先决条件。不难发现，在全球化的城市塑造中有一种二元化倾向：迎合资本流通所产生的城市空间，一方面让中产阶级享有越来越多的权益；另一方面普罗大众的日常生活空间却一再被忽视。萨森提醒我们，注意全球城市的新景观的重要特色是一小撮专业人士与

---

1 Neil Smith. The new urban frontier：gentrification and revanchist city. London，1996.

一大群劳工的差异正在扩大，而全球城市空间的扩展是因为专业人士对空间的要求很少被质疑或拒绝[1]（Sassen,2001）。新的中产阶层消费空间的建立已经让空间成为没有地方认同的环境，地方群体意识解体，成为新的、没有与地缘结合的、无历史深度的中产阶层空间，经济消费的共同体取代了社会联系的纽带，多元、流动、碎化成为新的空间人文特征。回头让我们再重新看看老城南的住区更新，资本改造前的拥有者已不再是它的主人。

1 Saskia Sassen. The Global City. Princeton：Princeton University Press, 2001.

第 5 章　资本的空间生产——城中村住区更新的实证

如果没有内在的地理扩张、空间重组和不平衡地理发展的多种可能性，资本主义很早以前就不能发挥其政治经济系统的功能了。

——大卫·哈维（2006）

“城市化和空间的生产是交织在一起的[1]”（哈维，2006）。虽然空间生产理论并非只着重于城市问题，但城市（化）问题在其中处于核心地位。在住区更新中，城中村作为农民居住聚集区的演变过程，映射了城市化过程中城市空间向外扩张、农民社会生产关系嬗变以及城中村社会空间和资本空间结构的生产与再生产过程。在中国，城中村发展的复杂性和内部的多样性令其成为独立于传统农村和城市二元结构之间的，并与之并存的“第三类空间”。而这种差异结构，即城中村内部与外部的分层并非是单纯的城市化自我发展过程，它本身就是资本在城市空间布展的向外扩散以及不断制造、生产差异以实现积累的手段。换句话说，即使是全球范围内都实现了城市化，资本也会在城市内部重新制造出新的差异以创造使自身持续增值的条件。城中村内部无论是外来人口还是本地村民，从劳动的社会分工来讲他们俨然已是非农业人口，然而身份的差异、制度的差异、社会生产关系的差异、劳动分工的再组织等社会关系使得他们分异于“城市人”，这正是依照资本不平衡发展规则的创造。

因此，本章重点从空间生产理论中资本的不平衡发展角度来分析城中村的空间更新过程，阐释它是怎样由一个传统的农村住区一步步成为城中村并继续被更新为中产阶层社区，以及城中村村民在空间生产过程中的社会关系、社会空间变化。从新马克思主义视角，以不平衡发展的理论对城中村的更新进行阐述和分析，以期总结本身就已经是中国特色产物的城中村其空间生产的特殊性。

1 （英）大卫·哈维，列非弗尔与《空间的生产》[J]. 黄晓武译 . 国外理论动态，2006（1）：53 - 56.

5.1 城市空间的不平衡发展（Uneven Development）

5.1.1 马克思对资本的空间不平衡发展阐述

马克思阐明了不平等交换、不平衡发展以及人口在占有生产资料上的不平等是资本主义制度确立的历史前提，资本主义制度是通过原始积累确立起来的，这种原始积累同时发生在国内和国际两种不平衡的规模上——在国际上通过商业资本主义的不平衡交换、暴力掠夺等手段攫取了资本的第一桶金；在国内资本依靠阶级间的不平等，通过动员暴力、国家权力、法律制度和意识形态等手段，消灭一般私有制，确立了资本主义私有制，又以生产资料占有的不平衡来剥夺农民和其他小生产者的生产资料而获得资本主义的历史性条件。

其次，利润是每个个体资本家进行生产的基本动机，利用在不同的地区、部门和行业之间存在着先进和落后、发达与不发达、高生产率与低生产率之分实现一种不平衡的发展。如果整个资本主义的劳动生产率和工资都处于同一水平，整个生产方式都处在一种同质性时空中，就不存在利润了。换言之，同质性和平均化将导致资本主义的灭亡。所以，马克思实际上指出了资本主义的自我再生产是一个不平衡发展的等级结构。

5.1.2 新马克思主义视角下城市空间的不平衡发展

1. 从物质资源的空间不平衡到社会关系的空间不平衡

以上内容表明，不平等交换、不平衡发展以及人口在占有生产资料上的不平等，是资本主义制度确立的历史前提。从城市的最初发展来看，无论是中心地理论还是资源禀赋论，或者核心—边缘理论等，都是以自然资源条件差异或占有物质生产资料差异为区分的地理空间生产。因此，第一种资本的不平衡发展是产生于自然环境特点的不平衡，发生在早期的城市空间中。传统的城市空间生产就是根据自然区位不同的主题进行划分，例如：劳动和空间根据自然的材质进行了分类，煤炭钢铁城市在煤铁原料地，城镇在港口；而现在的空间地理差异化生产，更多地是来源于资本结构内部的“社会结构”即人的特质，如种族、阶层、工作性质的不平衡，“它们正越来越多地渗透进入差异的背景之中，成为不平衡发展的生产力”[1]（Neil Smith，1982）。回到列斐伏尔的“空间即是社会，社会即是空间”

1 Neil Smith. Gentrification and uneven development [J]. Economic Geography，1982，56（2）：139-155.

的命题，可以说社会结构渗透到了当代空间生产之中。最早建立在自然物质、自然资源禀赋差异基础上的地理学和资本生产，被社会空间和社会因素分异即劳动分工差异所取代。发展不是在每一个地方按照相同的速度和相同的方向进行的，不平衡发展对于资本来说是一个特殊的过程，只是现在，它已根植于空间生产方式的社会关系基础之中。

2. 从外部的地理扩张到空间内部的分化

哈维认为，资本积累和社会时空构造过程是以阶级斗争为核心双重逻辑中的不平衡地理发展，也就是说，资本不仅通过不平衡的空间来发展，而且还通过市场选择在地理景观中植入形形色色的阶级、性别、种族等其他的社会划分来创造异质性，包含了内外不平衡的双重特征。按照 Neil Smith [1] 的说法，工业资本主义的主要空间生产行为是地理空间扩张，如殖民地的开发。但到 19 世纪晚期，资本的社会经济扩张不再是首要通过地理空间扩张来实现的，而是通过全球空间的内部分化，即已经通过空间生产出来的更大范围的相对空间中生产出差异化的绝对空间来实现的。因此，资本现在发展不仅是在地理空间中发生，也在空间体系内部等各种空间规模上同时发生。典型的如，城市发展不再是单纯的城市向外围的扩张，内部的权属更新、空间更新、社会关系更新也同时发生。城中村也不再仅仅是因为城市向外扩张而导致的临时性产物(城市急速扩张，只征收农田而放弃征收支出较高的宅地)，其内部也分化为差异的社会空间来维系资本的空间生产。

资本主义的空间不平衡发展是资本积累的先决条件，不平衡空间发展是资本积累的必然结果 [2]，当资本主义在横向上通过地理扩张追求自己的异质性生存前提受挫时，它就会在纵向上生产差异以获得自己的生存氧气，反之亦然。一是在横向上，资本主义的地理扩张和空间充足，因此表现为一种不平衡的地理发展；二是在纵向的生产关系上，在内部主动寻求生产差异。资本的全球空间布展是资本主义得以存续的重要方式，由此可见，“资本不仅是一种历史的生产方式，而且也是一种空间的生产方式”。如果说内城住区更新是资本的纵向扩张，那么资本的纵向和横向需求在城中村就似乎找到了最佳的契合点——首先，城中村的发展

1　Neil Smith 是哈维的学生，是国际批判地理协会的组织者（Intenational Critical Geography Group），已经成为新马克思主义的又一领头人。

2　苗长虹 . 从区域地理学到新区域主义：20 世纪西方地理学区域主义的发展脉络 [J]. 经济地理，2005，25（5）.

过程就是从资本地理空间扩展内化为制造内部差异的过程，同时又交织着与外围城市空间的横向地理差异。纵向的生产关系以城中村的劳动分工不平衡为代表，横向以城中村的土地资源、制度差异、空间异质于常规城市空间为标志。

5.1.3 城乡的不平衡发展

马克思曾在《德意志意识形态》中考察了城乡的不平衡发展。资本主义的发展加速了城市空间的生产，形塑了现代城市的空间样态，摧毁了农村的传统生产关系，改变了农村的地理面貌，造成了农村对城市的依附，最终形成了城乡在资本、人口、生产力、生产关系等方面的二元对立。这种城乡对立和不平衡是被不断地再生产出来的。随着资本主义发展，农村日益城市化使得城乡分离的社会基础逐步瓦解，造成农业的生产方式及其性质日趋具有工业生产特征，工业虽然根本改变了农村的地理面貌以及农业在地理外观环境上被消灭，但是城市仍然维持一种不平衡结构（城中村就是表现之一）。列斐伏尔在 20 世纪六七十年代强调资本主义城市的内部殖民，也是指类似的问题。传统社会的城乡分离已经转变为具有新的不平衡发展特征的城乡分离，资本生产不论在地理上还是在人口上必须生产出异质性和不平衡以维持资本的存在并实现增值。

中国的城乡间不平衡发展已经发展到了一个极致，全球城乡收入差距平均约为 1.5 倍，而我国为 3.3 倍，位列世界第一[1]，可以说在“压缩”城市环境[2]下，我国的城市化积累是建立在城乡发展极度不平衡的基础上，同时与资本的循环、劳动力、商品和价值流动，生产关系和空间关系的转变密切相关[3]。从原有的工农业产品剪刀差，到掠夺农村劳动力乃至现在掠夺农村土地，现有的积累方式已经从农业农村—工商业城市的格局转化为以社会劳动力分工为基础的社会空间剥夺。这也是城中村中的农民以及外来农民工即使是从农业农村解脱出来，但依然无法成为“城市人”的原因，他们的社会分工和社会空间也被纳入了资本的新一轮生产积累。

下文将以南京河西地区的江东村为例，从资本的不平衡发展角度分析它是怎

---

1 《社会管理蓝皮书——中国社会管理创新报告》2012，北京：社会科学文献出版社出版，网络来源：http://news.xinhuanet.com/finance/

2 “压缩城市化”是指中国的城市发展需要在比西方当初“自然演进”状态下短得多的时间里实现多维进程的同步转型；并遭遇自然资源的有限性和国际法则的压制；以及导致的短时期内城市问题高发。来自参考文献张京祥，陈浩．中国的压缩城市化环境与规划应对 [J]. 城市规划学刊，2010（6）：10-21.

3 D. Harvey. The Urbanization of Capital[M]The Johns Hopkins University Press，1985.

样由一个传统的农村住区一步步被资本改造成为城中村，并最终成为中产阶层社区，以及资本在其中是如何发挥作用以制造出不平衡的空间供其继续生产，以期透视我国城市化发展中资本不平衡所具有的特殊属性，检验和反馈既有理论，同时也为城中村的研究提供新的理论视角。

5.2 南京江东村的空间更新

南京市河西地区的江东村（城中村）是本章的研究对象。江东村在南京市不同的发展背景下，多次涉及行政区划调整以及空间发展变化，其背后所隐喻的资本冲破界限（行政区划调整）、重新圈定界限、资本生产方式的循环过程乃至内化的村民社会劳动关系变化和人群分层，无一例外地体现了资本的不平衡发展过程。

5.2.1 村落空间的发展历程

江东村的行政区划及空间变化 表5-1

	1995年	1995～2001年	2001～2007年	2007年至今
区划调整	雨花	建邺	建邺	鼓楼
所属街道	江东镇	江东村委会	江东村委会	江东街道
区位	郊区	郊区	主城	主城
属性	行政村	行政村—城中村过渡	城中村	城中村
资本主要投入	传统农业	农业—工业	工业—商业、房地产	房地产建设

空间更新语境　南京市总体规划修编　“一城三区”及十运会建设　后十运会城中村更新行动

1. 传统村落到工业村落：生产关系的变迁

1980 年代中期前，江东村本是属于南京市郊区雨花区的一个以传统农业为主的乡（江东乡），1992 年改为江东镇。当时全村被分成了 13 个生产队，后又改为村民小组，村民以传统农业种植为生。根据访谈，在 1980 年代末期到 1990 年代初，江东村开始出现了外来人口，多数是来自南京市域范围江北地区以及溧水、高淳县的打工人员，以做小生意和小买卖为主，也是在这一时期，多数的当地村民住宅进行了修整或翻盖，将原有的泥屋、瓦屋以及砖屋转变成了水泥钢筋的住房。在 1995 年前，江东村部分村民的土地被征用，用来办小型的私人企业和区属企业，但是数量并不多，主要是涂料厂、制铝厂、毛纺厂等。也正是在 1995 年，本属于雨花区的江东镇被拆分，部分划归鼓楼区（市区），部分划归建邺区（郊区），本文中调查研究的江东村范围当时被划归建邺区管辖（鼓楼区范围内已经是江东街道）。1997 年，江东村的农地被大量征用，当地政府对失去农地的农民实行了"征地进厂"、"征地带人进城就业[1]"的安置措施，每户江东村农民家庭普遍为 1 ～ 2 人可以获得安置指标，大批农民就业于区属企业成为产业工人，少量就业于南京市属国有企业。因"征地进厂"的政策，就业于工厂的农民转变为城市户口，但是依旧拥有集体土地制上的农村住房。

事实上，这一时期江东村的村落物质空间变迁并不显著，江东村农地并非被征用于大量的工业企业（当时整个河西地区也没有出现大量的工业产业），但是从社会生产关系来看，大量的村民在土地征用后"征地进厂"，从劳动分工的角度来衡量村民由农民身份向工人身份的转变，实际上表明社会空间已经从传统村落走向了工业村落。

2. 工业村落到城中村：南京十运会背景下河西的"造城运动"

2000 年前后，国有企业改制的政策使得大批"征地进厂"的江东村村民成为首批离岗待业或下岗人员[2]，但是，城市发展似乎无意抛弃这个小村落。南京市于 2001 年提出"一城三区"的空间发展布局[3]，将当时还是大面积农村的秦淮河以西地区（今天的河西新城，即江东村所在区域）纳入了主城的发展范围。对于河西新城区，南京市的定位是"古都金陵看老城，现代化新城看河西"，显然从一开始，河西新城就被定位为现代化新南京的标志区，试图将还是一片农村的河西地区通过"跨越式"发展使其成为现代新城。

2002 年，南京市被确立为十运会的主办城市，十运会的主场馆选择放在河西新城，是市政府有意借十运会来集中资金，短时间内完成河西新区的建设。

---

1 根据对村民的访谈，对于"征地进厂"的村民家庭征地补偿仅包含土地上附属物，土地征用费用进入村集体供全体使用。

2 还有村民讲述，大家当初认为的多数即使进入市属国有企业的"优秀"村民很多也是集体工人，就业于国有企业的大集体或小集体工厂。

3 "一城"是指秦淮新河以北、外秦淮河以西 14km 的长江岸边的 56km^2 河西新城；"三区"指城市总体规划中确定重点发展的仙西新市区、东山新市区和江北新市区。

2002年2月河西新城建设指挥部成立，拉开了大开发的序幕[1]。江东村虽然未被列在奥体场馆核心建设区，但是作为河西地区和主城地区的接入口，其周围环境无疑也进入了跨越发展阶段。伴随着房地产业的蓬勃发展，周边商业的迅速兴起，如五洲装饰城、金盛家居、沃尔玛以及万达广场等大项目被引入，加之河西新城的道路、地铁等基础设施的快速建设，使得江东村成为了典型的城中村。这一时期江东村的外来人口成倍数增长，与本地村民比约为5∶1，并且苏北、安徽、湖南、四川的外来人口超过了南京市域其他外来人口[2]。

3. 即将终结的城中村："后十运会"时代的城中村更新行动计划

虽然江东村位于秦淮河以西地区，但是从空间上"跨越发展"的江东村，凭借与主城方便的交通联系，也使得村民成为受益者，无论是村中待业的下岗工人还是村民都成为以住房出租为生的房东。十运会之后，房地产的蓬勃发展使得南京提出了对绕城公路内71个城中村进行更新改造的行动计划，"经过改造的'都市里的村庄'将完全融入现代化城区"。2006年，南京市规划院完成了71个城中村的更新规划，由下表可知由十运会推动的建邺区跨越发展，也使得它成为主城内城中村最多、面积最大的改造地区。

图5–1　1998年江东村第一个征地建设的商品房住区典雅居

1　张京祥，殷洁，罗震东. 地域大事件营销效应的城市增长机器分析——以南京奥体新城为例[J]. 经济地理，2007，27（3）：452-456.

2　数据来源于江东村村民的回忆。

至 2007 年，江东村周边陆续兴起的中产阶层社区和商务 CBD 的建成使河西新城成为南京现代化城区的标志，江东村与周边环境格格不入，发展极不相称。市政府有意出让这一地区的城中村土地进行商业及住宅开发。但是，江东村（建邺区）与周边的清江村（鼓楼区）在空间上已经连接在了一起，但分属两个区管辖；另一方面，鼓楼清江村仅剩 $21hm^2$ 面积可供开发，对于商业开发项目而言面积过小，于是市政府在 2007 年年初将建邺区兴隆街道办事处江东村委会整体划归鼓楼区江东街道办事处管理，并于 2008 年年底将 $40hm^2$ 的鼓楼区江东村土地

南京市绕城公路以内71个被列入更新计划的城中村　　表5-2

区	个数	集体土地面积（hm^2）	包含村庄
玄武区	7	135.56	小营村、藤子村、红山村、小卫街、孝陵卫、钟灵、余粮
白下区	7	84.09	杨庄、石山、高桥、联合、牌楼、苜蓿园、富康新村
秦淮区	6	200.3	七桥、红花、广洋、夹岗、果园、翁家营
建邺区	17	205.8	江东、河南、河北、兴隆、双闸、江南、五星、红旗等
鼓楼区	1	21.12	清江村
下关区	2	—	五塘村、金陵村
栖霞区	23	945.69	万寿村、兴卫村等
雨花台区	8	431.15	油坊村、铁心村、尹西村等
总计	71	2023.71	

资料来源：《南京市绕城公路以内城中村改造规划》，2006.

图 5-2　碎化的城市空间：资本、行政的不同分割

出让给了苏宁集团，用以建设以中产阶层居住为主的苏宁银河国际社区以及以商业、服务业为主的苏宁慧谷。被拆迁的村民主要被安置在雨花区的春江新城等地，但实际上当地本土村民绝大多数早已迁出，仅偶尔回村收房租，城中村早已完全演变为外来人口的居住地。

5.2.2　江东村的社会空间生产

1. 江东村的社会空间现状

江东村所在的鼓楼区江东街道（建邺区兴隆街道江东村委会于2007年并入），无论是外来人口的绝对数量，还是外来人口占本地人口比例，都是南京市范围内外来人口最为集中的区域（图5-3，图5-4）。在过去，"是因为城里没有那么多住房提供，这边农民的房子大"吸引了外来人口入驻；而如今，基础设施的改善使得江东村及周边成为连接主城的最近且租房价格最低的地区；此外，整个江东村周边以服务业和第三产业为主，也给大量的外来人口提供了比较充足的就业机会。

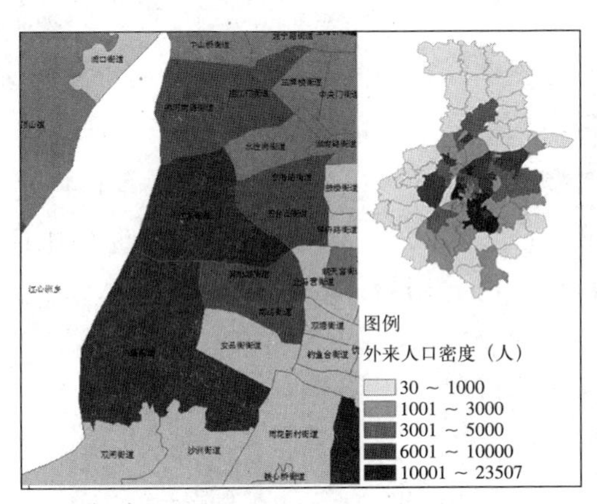

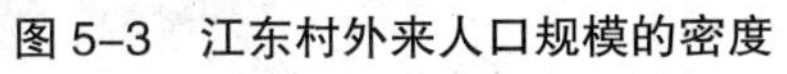
图5-3　江东村外来人口规模的密度

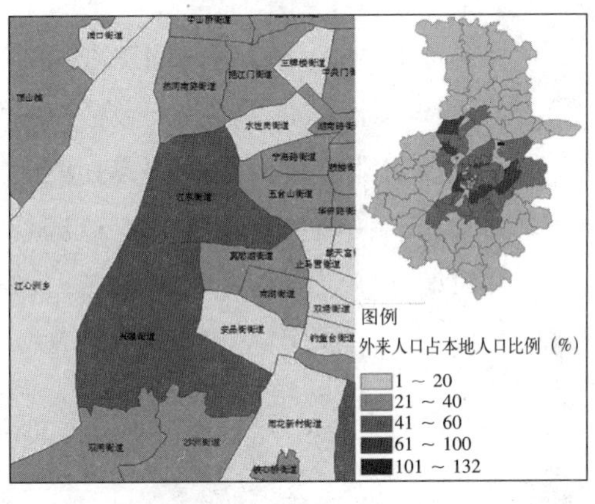

图5-4　江东村外来人口占本地人口比例

资料来源：2000年人口普查数据

江东村2010年因为搬迁、拆迁，户籍人口已经少了一大半，仅剩4784人，但是外来人口却多达1万人以上[1]。这些外来人口中57.6%持有外地农村户口（表5-3），他们选择在江东村较为稳定地居住，其中75.8%的外来人口自来江东村后从未搬过家，工作地点离江东村都不远。63.6%的受访外来人口房租在300元/月以内，

1　数据来源自对江东村村委会的访谈。

江东村外来人口（租客）住房情况（单位：%，N=68） 表5-3

户口类型		工作地点		来南京时间		本村居住时间		人均面积		搬家次数		月房租	
本地城镇	6.1	周围	75.8	不足1年	12.1	半年	12.1	3～10m²	69.7	没有搬过	75.8	<300元	63.6
本地农村	3	不远	5.1	1～3年	24.2	0.5～1年	9.1	10～15m²	12.1	1次	12.1	300～500元	15.2
外地城镇	33.3	比较远	0	3～5年	6.1	1～3年	27.2	15～35m²	12.1	2～3次	12.1	500～800元	18.2
外地农村	57.6	很远	0	5～10年	15.2	3～5年	15.2	35～40m²	6.1	3次以上	0	>800元	3
		不工作	15.1	10年以上	33.3	5～10年	9.1						
				南京人	9.1	>10年	27.3						

来源：2011年3～8月调查问卷，样本数100，其中本地村民（房东）32人，外来人口（租客）68人。

注：调研虽然为随机偶遇，但是本地村民（房东）回答比例明显高于江东村实际的人口比，这是由于在调研过程中，外来人口常会以自己“文化不高”“对情况不熟悉”“刚来不久”等，让房东完成问卷调研。

69.7% 的人均住房面积都在 10m² 以下。

2. 村民生产关系的演变：被资本支配的劳动力

在江东村由传统村落转向工业村落的过程中，资本将生产资料和劳动力分离，即当地村民的土地资源作为工业或商业资本的生产资料而被征用，就将村民与原本属于其的农业土地资料相分离，同时改变了原有的农民农业的生产关系，将其劳动力身份转变成为产业工人以适应新的生产方式的需要。但在这一时期，由于资本并没有大量进入城市空间领域，使得住房（即空间）的生产资料性并不明显，村民并没有以对住房空间的占有而获得多少利润。

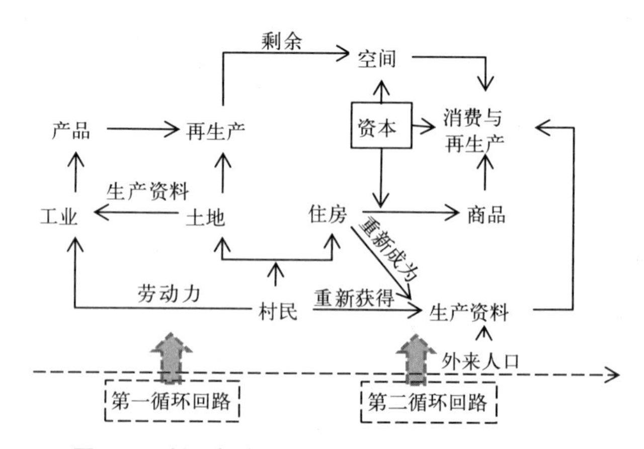

图 5–5 村民拥有生产资料在资本循环中的变化

成为产业工人的这部分村民被称为“带资进厂”的劳动力，这里的“资”既包括了土地资料，也包括了在征地中少支付的土地补偿资金。即使进入工厂后，他们在国有企业中同样因为“知识”、原有的劳动身份差异而被分层（社会空间不平衡），有的被称为“合同制农民工”，有的是国有企业的非正式员工（集体工），往往劳动相同而工资待遇却不同。这正是根据资本生产的需要，在劳动力分工中制造出的核心—边缘人群结构，他们成为劳动力结构中的边缘。于是在国有企业改制的大潮中，他们首当其冲地又成为第一批被削减的劳动力。但是劳动力的被削减却不是按照劳动力质量来的，而是根据由制度造成的劳动力分层而来。正如 Neil Smith 所言：“由资本和制度创造的社会空间分层，成为当代资本得以幸存从而继续其不平衡发展的主题”。

当资本进入第二循环——建成空间后，空间生产就成为城市发展的主题，住房空间也成为一种生产资料，村民们重新获得个人的生产资料并将其投入到资本创造价值的生产当中，将房屋租住给在社会空间即劳动力结构中更为边缘的外来人口，直至再次拆迁将基于土地资料之上的住房以安置房（不拥有土地仅拥有住房空间的资料）来换取。村民从农民—产业工人—拥有宅基地和住房空间的小私营主—仅拥有住房空间的三失人员（失地、失业、失社会保障，但并不排除他们依然拥有住房空间资料并继续出租住房），生产关系的改变即是江东村民的一部社会空间发展历史。

3. 外来的农村剩余劳动力：新的边缘结构

外来人口进入江东村是从 1980 年代末开始的，无论从就业还是居住角度看，他们都成为城市中新的边缘人群。由于城市化造成的经济增长与劳动力增长密切相关，“正式经济”的高端服务业与大量的“非正式经济”的低端服务业并存，成为高速经济增长支撑的动力[1]（魏立华，阎小培，2005）。江东村中大量的来自安徽（淮安、阜阳为主）和苏北（江阴为主）的外来农村剩余劳动力进入城市的服务行业，依靠同乡关系和朋友介绍而居住工作在此，通过“关系空间”获得对城市空间生产的介入。他们的就业无法通过正规渠道来实现，加之户籍等就业制度的排斥作用，使得他们中的一大部分都在城市中从事“非正规”的行业：保洁、

1　魏立华，阎小培．中国经济发达地区城市非正式移民聚居区——城中村的形成与演进——以珠江三角洲诸城市为例 [J] 管理世界，2005（8）：48-57.

保安、服务员等，并且大多没有劳动合同，一直以来缺少必要的福利、养老、保险等社会保障。而政府提供的保障性住房仅向本地户口居民开放，相比较城中村的本地村民，外来人口成为城市中新的边缘人群。

由此，我们看到了中国空间生产的特殊性：在一定时期内，大量而充分的农村剩余劳动力和地域发展的不平衡，使得劳动力在近乎无限供给的状况下不断缓解了城市结构性失业，增加的就业人口迫使对劳动力价值分配和福利分配等再分配体系趋缓，这也成为中国城市空间生产的价值利润创造的优势。本地村民仅作为资本进入工业生产领域的劳动力参与资本的第一循环，在资本进入第二循环生产的时候，大量的城市低端劳动力更多是由地域不平衡制造的外来农业剩余劳动力来补给，住区空间的商品化使得原村民作为工业剩余劳动力转变为住区空间生产资料的拥有者(重新获得生产资料)，外来的农村剩余人口成为新的边缘劳动力，这使得资本对劳动力的占有总是可以盘剥到最大利润。

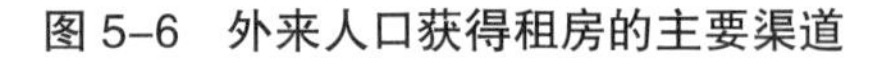
图 5-6　外来人口获得租房的主要渠道

图 5-7　外来人口的居住空间环境

图片来源：摄于江东村

5.2.3　住区空间更新：空间生产下推进主体改变

1. 村民自主更新：从为面子到为收入

江东村村民的住房大约从 1980 年代后期开始出现少量的 2 层甚至多层的楼房，1990 年代当越来越多的村民开始将自己的房子由一层更新到二三层，此时住房更新的收入主要来自于家庭人口外出打工以及买卖农产品的收入，“特别是在南京城内有打工人口的家庭往往成为村中第一批的住房更新家庭”，“谁家的房子高代表这家富裕了”，因此这一时期的更新是村民自发的、出于“不甘落后”于他人的心理。

在大量外来人口涌入后，住区空间又发生了重要的改变，原本是为“面子”而扩建的房屋成为村民坐地生财的基础。许多村民将自家的住房分割为更多的小房间，在调查中最多的一户被分割为了11个小房间，每个房间从8～30m^2不等，以适合不同的租住群体需要，从而获取更多的房租收入。原有的“门不闭户”的村落传统消失了，转而每户的大门换成了坚固的铁门。在内部住宅空间中，房东住楼上，租客住楼下，或者即使是有租客住在楼上，上楼的楼梯和房东也是分割开来[1]。房东的日常起居生活几乎和租客从没有空间交叉（包括盥洗等），甚至会在楼梯口养狗或者写上“非请勿入”牌子，防止外来人员也包括自己房屋租客的“不请自入”。在江东村内各个空间层次，都已经形成了社会空间分割的局面。

2. 政府推动改造：房地产“救市”背景下的中产阶层社区建设

江东村外城市空间的不断改造和发展，特别是经历了十运会之后，江东村所在的秦淮河以西地区成为现代南京城市的标志。中产阶层的住宅小区不断出现，住宅价格的增速是南京市平均值的6倍，位列南京市第一。然而江东村土地上的农村住宅的相对价值不但没有提高，反而越来越低，土地的预期收益和现实收益之间的差距越来越大。2008年全球金融危机带来了房地产发展的低谷，地方政府为了“保增长”必须吸引资金回流而推出更多的土地。建邺区江东村委会并入鼓楼区江东街道后，合并的江东村土地被出让给苏宁集团用于商业和住宅区开发，未被合并的建邺区江东村土地则出让给万达集团用于建设河西的商业中心。

当土地收益价值增大，土地就会被地方政府以种种名义合法收回。相比较以土地私有化为主的西方国家，国有土地制度以及缺乏对个人财产的保护使得中国城市的住区更新总是更为顺利。更新后住房的供应对象则是城市中产阶层，这一过程是通过对低层居民的空间占有来实现的。

5.3　城乡不平衡的空间生产

5.3.1　资本的不平衡

1. 城中村的地租价值变化：对租隙理论的修正

Neil smith利用租隙（rent gap）理论指明了新马克思主义不平衡发展对城市

1　访谈中，有的房东表示，对于不信任或者认为不干净的人即使楼上有住房也不出租。

更新（士绅化）的应用（具体介绍见第2章理论研究综述）。建筑资本一旦与土地结合，如果对建筑进行合理的维护，则潜在地租与现行的实际地租相差无几，即租隙不大，可以维持一段时间。但是由于都市扩张和成长，预期产生的潜在地租再次升高，而且建筑物的折旧和衰败降低了土地的实际地租，使得租隙增大。增大到一定程度就会促使资本进入下一次的生产和逐利，开始新一轮的循环。因此，资本对建成空间的投入使得smith认为士绅化产生的起因是由于资本而非人的移动。而周边环境的改变（如交通系统等基础设施建设），是地区地租提高、租隙扩大的原因，于是，地租租金转化为被差异化的城市空间景观，从而定量化衡量了其价值[1]（Neil Smith, 1982）。Clark在对租隙理论做了进一步研究后指出，资本因为租隙扩大对原有地区的改造周期通常是75～115年[2]（Clark，1987）。

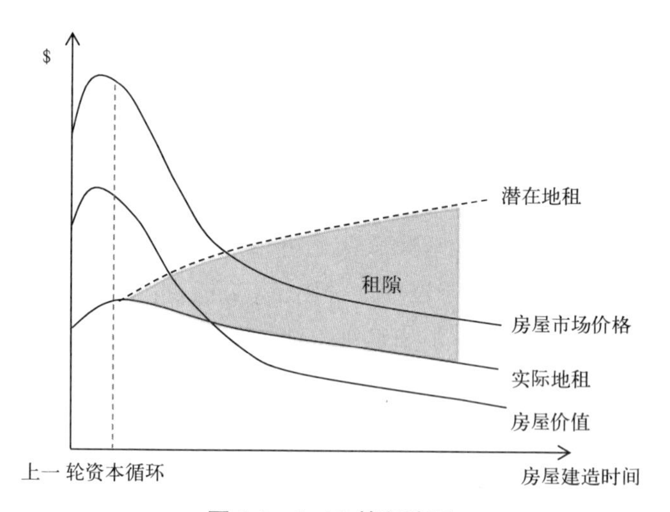

图5-8　Smith的租隙图

注：房屋市场价格 = 房屋价值 + 实际地租

但是城中村的生产过程并不完全符合Smith的租隙理论。以江东村的发展为例，城中村从最初的传统村落演变到城中村之前，虽然房屋因为固定资产折旧其实际地租是下降的，但是由于城市开发暂时未扩张至其周边，并没有引起周边地租价值的提高，因此潜在地租没有增长或增幅极小。直至外来人口的增多使村子房屋出租的比例越来越大，房屋继续折旧，但实际地租与潜在地租因出租价值的

1　Neil Smith. Getrificaiton and uneven development [J].Economic Geography, 1982, 58（2）: 139-155.

2　李承嘉．租隙理论之发展及其限制 [J]. 中国台湾土地科学学报，2000（1）: 67-89.

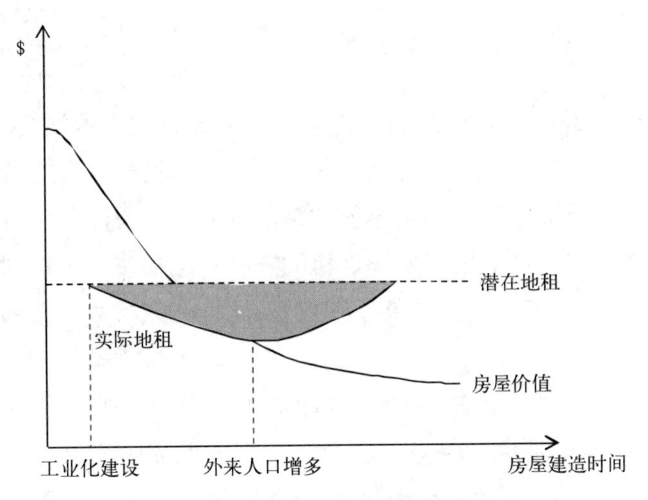

图 5-9　传统农村—城中村的租隙变化

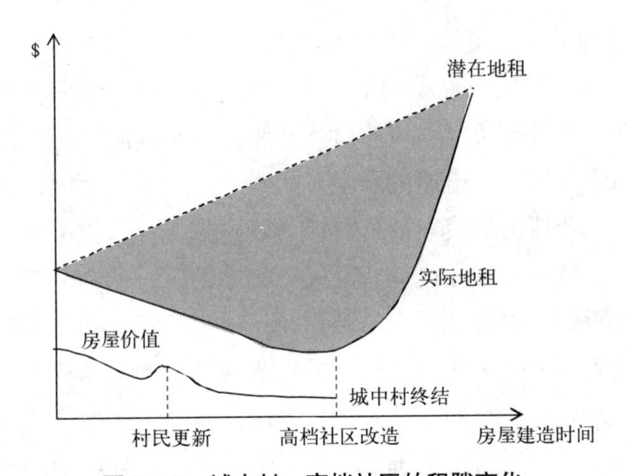

图 5-10　城中村—高档社区的租隙变化

弥补而趋于一致（图 5-9）。因十运会以及之后的一系列“跨越”发展，城中村土地资源的流失和周围环境发生改变，其潜在地租急剧上升，租隙增大；反过来，城中村的恶劣环境也日益影响着周边地区的地租价值，于是与周边环境的极大差异定量化衡量了城中村的地租价值（图 5-10）。从内外两个方面，城中村都亟须其他形式的投资来实现土地的潜在地租价值。而通过住区更新的方式，建设满足中产阶层需要的商业和住区空间成为实现潜在地租的有效手段[1]。

1　何深静，钱俊希，邓尚昆．转型期大城市多类绅士化现象探讨 [J]. 人文地理，2011，(1)：44-49.

2. 资本对空间的选择：最易流入的地区

固定资本一旦开始不断贬值同时租隙变得够大时，资本就会发生地理转移，从城市产业部门或从其他地方的房地产领域移至更具投资回报的城中村。资本通过流动获得生产优势和价值，而最容易和最廉价的空间必然成为资本流动和投资的首要选择。因此，潜在地租与实际地租的鲜明对比反应出土地利用转变的需求压力大，寻求土地最佳使用用途的欲望则愈强，这让江东村成为最易发生更新（士绅化）的地区。

不仅仅是城中村被改造成为中产阶层的社区，在江东村改造前的周边地区亦是如此。在 1997 年的亚洲金融危机之后，南京市把迎接“十运会”进行大规模城市建设作为了刺激新一轮经济增长的关键，相对于当时内城更新需要大量的资本投入来讲，资本的易流入性决定了当时还是一片农地同时又与主城联系非常便捷的河西地区成为最佳投资地。哈维在 1980 年代指出，资本生产与空间和城市发展相互依赖，城市房地产等空间危机和金融危机互为条件。Neil Smith 同时也指出，资本移动、士绅化可能与资本过度积累的危机同时发生。因此资本发展中的空间修补，即资本积累中遭遇的金融危机或过度积累等问题，可以通过不平衡的地理发展以及全球范围的资本转移，使得资本积累不致被中断。但是为了维持和保证基本运行，资本会首先选择容易侵入的地方进行流动，江东村与其所在的周边地区之间不断被资本塑造的空间关系，反映出的正是资本不断寻找最佳流入地区，而由此造成了该地区此起彼伏的地理景观，其本质是资本呈现的创造性破坏过程（哈维，2006）——即在某一特定时刻建设适宜于生产的住区空间，在城市发展出现转向之时，又只得被再次破坏，从而在人造环境中制造了时间和地理上投资的潮起潮落（哈维，1978）。

3. 资本的界限：调整的行政区划与资本的自我划界

江东村不断被调整的行政区划边界是被资本重新打破又自我划界的过程。先是在建邺江东村土地上割出“万达广场”，后是为了更好地迎合资本对空间的需要，将建邺区剩余的江东村委会土地并入鼓楼区，将合并后的鼓楼区清江村与江东村土地出让给苏宁集团。资本首先打破因为行政区划而造成的界限障碍（江东村由建邺区管辖调整到由鼓楼区管辖），然后又给自己设立空间界限（苏宁、万达各自的用地边界），以此昭示与外界的隔离，使得城市的空间破碎化、私有化并产

图 5-11　资本、行政的不同分割（2003 ~ 2007 年）

图 5-12　空间的重组（2008 ~ 2013 年）

生排斥性。但是，这种空间的断裂性是不稳定的，它会随着空间不断被“创造性破坏”而可能发生转变。在规划中苏宁将在“万达广场”旁边继续建立商业空间“苏宁广场”，从而促使苏宁（鼓楼区）、万达（建邺区）两个原本被资本划分的界限因为商业空间的一致性而变得模糊。可见，空间的固有界限随时都有可能在资本的空间生产和流动中而崩溃。

由于全球经济空间和全球市场中重构空间关系的灵活性使得资本得以存在，在城市空间的生产过程中资本又创造了新的灵活性（Elden,1998）——资本在“一致”、“碎化”两个方面制造城市的空间性（spatiality）来使资本更加灵活。它的一致性在于任何物品在抽象的价值层面上都是平等的、可交换的，因此空间可以被交换而具有了灵活性；而城市空间又被划分为各个碎块，并且通过预期的房地产市场进行块状出售从而造成空间的割裂和碎化（Lefebvre，1977）。但是与以往不同的是，空间的生产不再是过去的行政权力驾驭经济权力，而是行政权力与经济权力合并，为了迎合资本市场的需要而通过行政权力对空间进行调整。而最终行政等并不是空间的真正界限，投资形式的差异构成了真正的城市空间分区边界。

4. 被封闭的城中村出入道路

江东村目前还剩近 1000 余户，与外界联系最为方便的是两条道路，一条是通往集庆门地铁站的出入口，另一条为通往汉中门大街的出入口。前者由于村子内相邻地块已经拆迁，道路被建筑垃圾或是工地占据，村民不得不自行“开辟”道路（图 5-13）；而后者从 2009 年开始就无人管理维护（图 5-14），两条道路下雨天几乎都无法行走。

图 5–13　由江东村通往地铁站集庆门的最短道路

图 5–14　江东村通向主干路汉中门大街的出入口

通往地铁站最短道路的尽头为燕山路，走到地铁站仍需穿过中产阶层住区，道路的分割避免了城中村居民和中产阶层居民在空间上的过多交叉。如果没有村民自行开辟的道路，到地铁站则需绕行并不穿过中产阶层社区前。资本在创造空间界限的同时，也利用各种手段巩固自身的界限，如设置障碍以强化资本界限的区分性，因此让空间忽略人性的需要，更为强调经济价值属性的空间分割。

5.3.2　制度的不平衡

1. 被土地制度扭曲的市场

南京市对拆迁地区的土地区位价格进行了等级划分，实施三级定价制度[1]（表 5-4），江东村位于最高价格的一级区片，补偿标准为每亩 11.3 万元，而江东村通过市场化方式出让给苏宁集团的底价则是每亩上千万元。政府对集体土地行政征用然后进行市场出让的两套分离系统扭曲了土地市场，土地商品价格已经混合了空间的纵向和横向特性（容积率等）由市场决定和配置，而用于生产的土地要素价格（原土地要素）却是由行政决定和配置，土地行政征用与市场出让“双轨制”的土地市场事实上是利用制度制造不平衡，以将权力和市场结合起来变为获取财富的手段。

不仅仅是城市地方政府层面的政策，土地所有制度的“双轨制”在国家层面制造的制度不平衡，也强化了不平等的空间生产。《土地管理法》对集体所有制土地规定了两条区别与国有土地的特点：一是“集体所有的土地使用权不得出让、

1　来源：http：//www.law110.com/law/city/nanjing/law1102006200311291.html

转让或者出租用于非农建设”，这些限制使得集体土地在实质上与国有土地居于不平等的地位。但是在利益的刺激与诱惑下，市场经济原则使集体土地使用权人常常会突破各种法律规范，在实质上享有了国有土地的权益；二是“城市规划区内的集体所有土地经依法征用转为国有土地后，该国有土地的使用权方可有偿转让”。不对集体土地的价值进行市场评估，使得其几乎没有市场价值，除非转为国有建设用地之后。但是，这种土地所有制的转换完全被行政权力所垄断，一旦城中村土地被资本看中，行政权力即可通过对资源和所有制转换的垄断，将原先几乎没有市场价值的城中村土地转变为具有高度市场价值的国有土地。因此，城中村为房地产发展提供了大量低价的土地，且只能由国家转变土地性质，由开发商进行开发，从这一方面来说，权力会加强资本的易流入性[1]。

南京市对征地区片制定的价格补偿标准 **表5-4**

区片名称	范围	补偿标准	基准人均土地
一级片区	孝陵卫钟灵街村、孝陵卫村、小卫街村、江东村、清江村等	11.3万元/亩	0.7亩/人
二级片区	孝陵卫余粮村、高桥村、永定村、白鹭村、石山村、广洋村等	8.2万元/亩	1亩/人
三级片区	兴隆村、三官村、花园村、东阳社区、南中村、孙庄村等	5.8万元/亩	1.5亩/人

资料来源：《南京市政府关于公布征地补偿安置标准的通知》（宁政发（2010）265号）。

2. 区别化的城乡拆迁补偿制度

补偿标准制定的不一致，国家层面的集体土地房屋拆迁政策的缺失，地方层面操作的乱象，都让制度层面的天平倾向了权力强势的一方。首先，国家层面为了保证住房市场化改革的顺利推进，从2001年起针对城市房屋拆迁实行货币化的拆迁补偿制度，规定中确定了“产权置换”（实物补偿）和“货币补偿”的两种方式。由于对农村集体土地上的房屋拆迁并没有明确规定的补偿方式，因此在实际中农村房屋也按照城市房屋拆迁补偿的规定执行。其次，在地方层面，两种补偿方式通常是混合使用的，既给予原有房屋以货币补偿，但是由于货币补偿往往低于市场价格[2]，因此政策规定被拆迁居民也可以以优惠价格优先购买保障性经

1　这与国外建立在私有土地制度上的情况不同，国外土地征用往往只能通过市场化的方式（价格价值评估和谈判）来对私有土地进行流转。

2　这是由于房屋的评估制度造成的。房屋补偿价格依照评估价格为准，评估价格是房屋的建设成本价格与区位价格之和（少了开发商利润部分），加之区位价格为行政制定，因此评估价格通常远低于房屋的市场价格。

济适用房，后者是以实物补偿的方式。但是这对不同土地所有制情况则实施了不同的补偿标准，以南京市为例，由于农村人均居住面积较大，政府对集体土地上的实物补偿实施“面积上限”的限制，以阻止面积过大而政府补偿成本过多的情况。而对于内城拆迁，由于内城居住面积过小，则不设立以人头计算的面积上限，而是以房屋面积计算的货币补偿，往往规定实物补偿方式为“价值相等的房屋进行置换”，再次将补偿成本压缩到最小。根据“实际情况”而灵活设立有利于保持权力不平衡的政策，从而利于权力通过制度和政策带来价值的最大化。

南京市集体土地拆迁房屋置换的面积标准 **表5-5**

	标准1	标准2	标准3	标准4
拆迁房屋的面积标准	<28 m^2/人	28～42 m^2/人	42～56 m^2/人	>56 m^2/人
补偿房屋的面积标准	19 m^2/人	21 m^2/人	25 m^2/人	28 m^2/人

资料来源：《南京市集体土地补偿安置管理办法》。

另外，对于集体土地所有制的拆迁安置，也打破经济适用房小区 5 年才可以转让并补交土地增值金的规定，提出“由于是为城中村农民定向准备的拆迁安置房，性质上属于经济适用房，与市民拆迁所得的拆迁安置房不同，转让不受 5 年时限的影响，也不用跟政府分差价[1]”。可见，权力往往高于制度和政策，制度的规定可以随意就被打破。

3. 户籍制度创造的差异

城中村的社会空间体现了中国村民城市化的两条途径：一是城中村村民通过土地被征用（征地进厂、征地安置）发生的户籍制度转变；二是外来农民工通过进城务工、上学等最终获得城市居民的户籍和待遇。他们的相同点在于，农民成为农业或工业的剩余劳动力，这些只是城中村问题的一部分，城中村自身内部的社会劳动结构并非是单纯的城市化的自我发展过程造成的劳动力剩余和地理转移；也不仅仅是因为户籍壁垒使农民工在劳动力市场和福利分配上处于最底层。更实质的问题是资本城市空间布展的向外扩散，以及不断制造、生产差异以实现积累的手段。换句话说，即使是全球都实现了城市化，资本也会在城市内部通过

---

1 http：//www.njhouse.com.cn/news/news_detail.php?news_id=4203

各种制度重新制造差异以获得自身发展的条件。因此，城中村内部无论是外来人口还是本地村民，从劳动分工来讲，他们俨然已是非农业人口，然而由户籍制度捆绑下的身份的差异、福利制度的差异、社会生产关系的差异、劳动分工的再组织等，都使得他们有异于“城市人”，这正是依照资本不平衡发展规则的创造。

5.3.3　社会空间的不平衡

1. 被极度挤压的农村空间

中国城市化能够保持高速增长以及创造高额剩余价值的重要原因之一，就是依靠不断挤压农村发展空间，包括其土地价值和劳动力价值。正是利用城市和农村的空间不平衡发展以及制度设计，不惜成本地对资本不平衡发展的维持，从农村获取成本极低的城市建设用地，以及不断补给城市所需的低廉劳动力来缓解城市的结构性失业。首先是计划经济时期的制度创造，为维系重工业发展的赶超战略而实施的价格“剪刀差”对农村产业空间利润的压迫，到“保证城市居民口粮，阻止农民盲目进城”而创造的户籍制度，通过制度对农村空间的挤压来减轻国家城市福利提供以及生产能力不足的压力。其次，在城市生产和消费能力不断增大的时候，农村空间又再次成为生产转移的最佳场所。从生产角度来看，“扩大内需”、“城乡统筹”在部分程度上成为转移城市生产危机的手段，通过资本在空间上的重新配置，过量的资本、生产产品等向农村转移以缓解城市生产力过剩的危机，同时从农村获取丰富的土地资源和劳动力资源，将农村变成生产和消费的新空间。因此从很大程度上看，中国的高速城市化是以城乡严重的发展不平衡、对乡村的掠夺而实现的，从原有的掠夺劳动力到现在掠夺土地，资本积累方式已经转化为以社会劳动力分工为基础的社会空间剥夺，而城中村正是这一过程中的极端创造。

2. 城中村是介于城市与农村之间的“第三空间”

从表面看来，城中村是游离于城市现代化进程之外的，但是它恰恰是城市现代进程的见证和产物。城中村是农村不完全城市化、城市未全部包围农村导致的“第三空间”，它不仅仅是一个物质形态，更是一种独特的经济和社会形态。城中村，一方面承担了城市政府无力为非城市人口提供的居住空间和生存发展场所；另一方面又解决了为了保证城市化的低成本问题，绕过农村建设用地而仅征用耕地，由此塑造了丧失农业劳动资料的村民的日常生活。这些都是城市化过程中应该解决而政府暂时未解决的问题[1,2]（阎小培等，2004；张京祥等，2007）。它们与城市的现代化进程并存，共同构成中国整个城市化生产的鲜活过程。

由此，一个由血缘、亲缘、地缘、宗族、民间信仰、乡规民约等深层社会网络联结的城中村社会，在外来人口日渐增多的情况下发生裂变，成为村民、外来人口和城市居民（部分大学生和城市拆迁的租住居民）的混合住区，它不仅充满了利益的摩擦和文化的碰撞、冲突，而且伴随着环境巨变带来的社会变化，其中既有外来人口对城市生活的向往，又有城中村居民既想融入城市又想保存现有居住状态的愿望。城中村内这种各类亚群体的空间并存的局面，使其成为介于城市和农村之间的“第三空间”。

3. 核心与边缘：社会结构的分层与极化

从马克思主义的视角来看，只要资本存在，就必然会在劳动力领域创造差异，极化是促使其获取高利润的前提。哈维曾指出：“价值规律所倾向于形成的空间同质性，同时蕴含着对这种趋势的否定，即导致日益增长的不平等”。因此，资本生产不是均质弥漫、裹胁的创富浪潮，而是在其内部已经形成了两极分化，城中村内低收入的边缘劳动力人群，比如打字员、清洁工、速递工、高档设施的服务员等，都已经是全球资本生产形式的一部分。即使在金融行业的所谓白领人群中，也已经造成了能够全球自由移动的高级管理阶层和中底层文秘的两极分化。但是这同时与中国两个特色要素相关：一是流动的外来移民是中国成功的农村改革和快速城市化的结果；二是与之相对，开放的国策和新国际劳动分工对中国城市广泛而深远的影响。

最典型的例子是江东村的主要产业——装饰装潢业，已经形成了“正规”和“非正规”的两种形式（图 5-15）。在资本创造空间辉煌的时候，位于低层的边缘人群用非正规的就业形式获取对城市空间暂时的介入。资本的流动貌似创造了均质、均匀的空间，而其内在是深深的社会结构的不平等和不平衡，而劳动力结构的分化正是社会结构不平衡的内在动力。在城中村生活的所谓边缘人群、留守儿童、外来人口等，似乎是被排斥在资本空间生产的价值光芒之外，但他们恰恰是早已置身其中，这就是资本城市化生产的严酷现实。

---

1 阎小培，魏立华，周锐波．快速城市化地区城乡关系协调研究——以广州市“城中村”改造为例 [J]. 城市规划，2004，28（3）：30-38.

2 张京祥，赵伟．二元规制环境中城中村发展及其意义的分析 [J]. 城市规划，2007，31（1）：63-67.

图 5-15　正规空间与非正规空间的交织——五洲装饰城（位于江东村）与旁边的江东村私人装饰一条街

图片来源：摄于江东村

5.4　新空间的诞生：中产阶层社区

5.4.1　对生产、消费和日常生活的全方位生产

被改造后的江东村，将由苏宁集团建成以苏宁银河国际社区（住区）、苏宁慧谷（科技与服务业）、苏宁广场（商业）等迎合中产阶层生活的空间。整个片区由鼓楼区政府和苏宁合作开发为苏宁鼓楼科技园，并被鼓楼区政府命名为“苏宁鼓楼科技园”，成为城市的发展策略。从新马克思主义的视角看，空间生产的本质是资本在空间上的部署过程，不仅仅是人口的置换，也包含了物质上的更新以及随之而来的综合消费空间的形成（Neil Smith，1996）。这种部署是通过资本对空间的改造来完成的，它甚至不需要通过对原有居民的拆迁，而是通过中产阶级的消费者购买商品（价格和空间选择等）而融入日常生活的生产过程。正如本章的实证案例中那样，苏宁集团一方面是以建设中产阶层的住区来替换原有的城中村住区，另一方面是以建设产业、商业空间等形式与周边的“万达广场”联合成为为中产阶层提供日常生活消费的场所，从而实现经济资本对空间全方位介入。

5.4.2　资本的回流

从经济发展角度看，在经历了十运会之后，面对2008年金融危机导致房地产的萧条，促使南京市政府打出“救市”的旗号，不断推出土地，为促进经济的复兴而采取更多的城市更新措施。从西方国家看，城市复兴的本质是促进资本的回流，资本回到原来的区域通过建设一系列的符合中产阶层消费的城市景观，以期吸引中产阶层的回流从而重塑城市的活力。基于此角度，Neil Smith 指出了中产阶层社区的建设不仅仅是人的回归，更是资本的回归。有消费群体就会有消费产品的生产和空间的生产，资本和人口的流动是相互依赖的。

Clark 在延续 Smith 的租隙理论中总结的资本对住区的改造以 75 ~ 110 年为一个周期，然而与西方国家不同的是，中国产业向高级化转换过程中资本的循环历程可能要被缩短一半以上，以江东村为例，从工业化载体到向房地产更新转变的周期为 30 年左右，而下一个资本的更新周期并不确定。这也是中国空间生产的特征之一：高度压缩的环境，包括被压缩的城市化和生产的时空（张京祥，2011）。

5.4.3 新的生产关系与新的空间界限

哈维在巴黎改造当中指出，不仅是与旧巴黎的决裂，而且是同旧巴黎的社会关系的决裂，新的空间生产也生产了新的社会关系。新的宽阔大道、百货公司、公园、剧院以及一些标志性的建筑，它们一旦被生产出来，就立即重新塑造了新的阶层区分，塑造了新的社会关联。在中国，原先由干部和工人组成的身份群体已经逐渐分化和解体，以对资本拥有为标准的贫富系统正在形成。入主的“中产阶层”其实是以其经济价值所命名的资本化空间改造的产物，经济利益共同体取代了社会联系的纽带，也塑造了新的空间界限。从新马克思主义的角度理解，这不是人瓦解了空间，而是资本瓦解了空间，从而瓦解了旧有的生产关系：城中村的“外生经济”模式和“廉租房”效应在新的空间中不复存在；依赖于地缘和本土历史网络构成的空间界限也一同消失，在城市内部，投资形式的差异构成了真正的城市结构分区的边界。“空间一旦生产出来，就意味着它同过去的决裂”。

因此，苏宁睿城的一系列商业空间和住区空间的建立正预示着新的生产关系和社会结构的建立，而资本塑造的不仅仅是空间更是社会的界限。土地利用类型的不同被印刻的是投资、阶层和社会关系的不同，空间的不平衡发展也从物质空间层面的分异（即不平衡发展）转变成为社会劳动力结构的分异。城中村住区更新自此经历了由农业劳动力和地缘宗亲为基础的空间，向高技术劳动力和以经济价值共同体为基础构建的住区空间转变。

5.5 小结：中国城市资本不平衡发展的特有属性

"城市空间的本质是一种人造建成环境（built environment），城市人造环境的生产和创建过程是资本控制和作用下的结果，是资本依照本身的发展需要创建的一种适应其生产目的的人文物质景观后果"（Harvey，1985）。哈维指出，现代资本则把不断突破空间壁垒，把征服、占有空间作为实现价值增值的重要方式和克服内在积累危机的重要途径。资本正是不断通过对空间关系的生产和再生产才将各种危机摆脱掉。

在中国，城中村发展的复杂性和内部的多样性，使其成为独立于传统农村和城市二元结构之间并与之并存的"第三空间"。随着城市化的推进，一个由血缘、亲缘、地缘、宗族、民间信仰、乡规民约等深层社会网络联结的城中村社会，在外来人口日渐增多的情况下发生着经济、社会与治理形态的多维裂变。城中村所形成的差异结构，即城中村与外部环境、城中村自身内部的人群分层等，并非是单纯的城市化自发展的结果，它本身也是资本城市空间布展的向外扩散以及不断制造、生产差异以实现积累的手段。

列斐伏尔在《空间生产》一书中对城市和乡村有着精彩的描述：城市本身起源于乡村空间，但是反过来，城市空间却主导着乡村空间，城市成为空间的中心，乡村或类似居住区空间往往由城市空间来确认。城市空间呈现出乡村难以发现的社会的基本方面：聚集的人群、产品和市场、行为以及符号，它集中和聚集了所有这些东西。谈论"城市空间"，就是谈论中心，或者中心位置。城市与乡村就是中心和边缘的关系，两者之间是感知的距离和想象的统一。城市人对乡下人总是怀着特殊的情绪，但是当城市呈现资本统治下的高度繁荣之时，人们却想逃离它，想要回归乡村生活，主要的原因就是怀旧。与此相应的是大量的人尤其是年轻人纷纷逃离现代世界，即城市的艰难生活，而在乡村、民间习俗中，在艺术和手工艺中，或者在小型农场中寻找庇护；不少游客逃离到地中海沿岸的不发达国家，去过一种精英（或者即将是精英）的生活；而大批的外来移民浪潮则拥向原先的城市地区[1]。

我们无法预料未来将会还有怎样的新空间被生产出来，但是目前被推倒的城中村被"迫不及待"地改造成现代城市的样子，也许在将来的某一天，我们也会怀念它的存在或是后悔过早地将它取代。

---

1 Lefebvre Henri. The production of space [M]. Oxford UK & Cambridge USA：Blackwell，1991，p.101-122.

第6章　边缘空间的生产——四个保障性安置住区的实证

那是最美好的时代，那是最糟糕的时代；那是智慧的年头，那是愚昧的年头；那是信仰的时期，那是怀疑的时期；那是光明的季节，那是黑暗的季节；那是希望的春天，那是失望的冬天；我们拥有一切，我们一无所有；我们全都在直奔天堂，我们全都在直奔相反的方向。

——双城记

让我们将眼光从城市中心的改造住区转移到边缘的安置住区上来，它亦是服务于城市中心的边缘生产过程。通常，空间的焦点只存在于资本和空间生产的流通、交换领域，即城市中心，却轻视资本生产和剥削式积累的领域，而它的主要发生场所是边缘空间。列斐伏尔曾指出：城市中心的生产以牺牲人民的日常生活为代价，这是日常社会关系再生产中的一个不可解决的矛盾。这些被牺牲的人和被牺牲的日常生活往往从中心被“驱赶”出来，转移到了边缘空间。空间生产所导致的决策机构在大城市或城市中心的集中，也造成其对外围地区的依附性，通过对外围空间的剥削利用而巩固其中心地位。“不得不承认，发生在工作场所和生产—消费过程中的一切都同资本积累和循环休戚相关”（哈维，2006）。因此边缘地区，作为一种不可被忽视的空间生产而存在，正是它的存在才完整了空间生产的全过程。因此，本章旨在讨论从老城区和城中村更新后被安置人群的生活及其空间的生产。

6.1　保障性安置住区：再建的边缘空间

6.1.1　安置区从何而来？

1. 南京市“三房”工程

在1998年住房制度改革之后，南京市为了解决不同阶层的住房问题，提出开展“三房”工程建设，即以中低价商品房、经济适用房、廉租房来保证中低收入人群的居住需求。而后，随着商品房市场的繁荣，2003年南京市成立了“三房工程”领导小组，“三房”的含义在政策文件中也改为了经济适用房、普通（中低价）商品房建设（主要是由住区更新引起的拆迁安置）和危旧房片区改造。福利性的住房政策在商品化的房地产大开发中发生了转向，其中危旧房改造即住区更新成为三房中的主要任务，1999年积善小区、兴隆小区、龙苑新寓等都成为第一批竣工完成的经济适用房工程，经济适用房的建设也主要是满足住区更新导致的安置居民家庭，但是由拆迁造成的经济适用房缺口每年仍然达45万m^2[1]。

南京市住区更新情况2001～2007年　表6-1

年份	2001	2002	2003	2004	2005	2006	2007
拆迁房屋面积（万m^2）	79.5	115.4	1179	83.2	48	72.3	177.4
拆迁住宅面积（万m^2）	44.8	71.1	—	—	25.1	—	82.3
拆迁居民户数（户）	13057	19104	24242	15045	5812	12460	14859
拆迁工业企业（个）	—	928	1320	687	177	—	404
补偿总额（亿元）	13	19.6	50	42	42	43	42.7

注：2003年拆迁完成量是南京历史之最。资料来源：《南京房地产年鉴》。

2. 轰轰烈烈的保障性住房建设运动

自2003年后，我国住宅价格井喷式增长。尽管中央政府一再发令宏观调控房地产价格，但是收效甚微。地方政府过于依赖“经营城市”的贡献，经营土地成为投资增长和财政收入增加的重要砝码。通过“造城运动”，不断扩大城市更新和旧区拆迁改造规模，巨额的投资被投放到房地产市场领域，2010年全国

1　搜狐新闻，http：//news.sohu.com/20070331/n249104978.shtml

“十二五”规划建设明确提出3600万套保障房的建设任务，保障性住房包含经济适用房、公租房和廉租房，规定2011年建设1000万套，并且要求各省市签署保障房建设责任书以保证建设的实施。其中江苏省任务是139万套，2011年要实现完成35万套开工建设的任务，南京市2011年被分配的任务是建设8万套保障房。这些保障房大多数被规划在南京市绕城公路之外，即主城之外（图6-1），由于住区更新中拆迁安置家庭还有相当一部分没有被安置，因此保障性住房多为解决城市旧城改造和更新建设中的拆迁安置户[1]（图6-2）。在本研究中仅选取拆迁安置居民作为调研对象，保障性住区空间折射出的是安置后居民的社会空间变化。

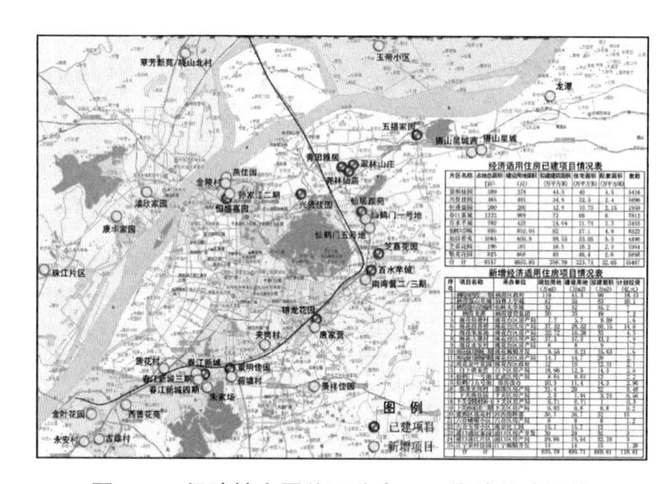

图6-1　保障性安置住区分布——绕城公路沿线

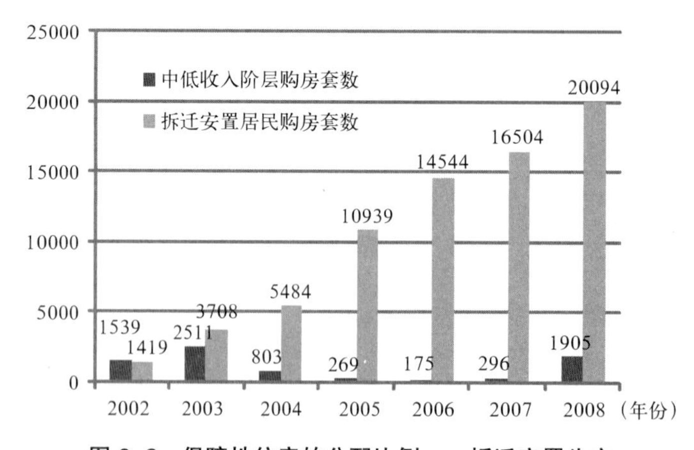

图6-2　保障性住房的分配比例——拆迁安置为主

1　《南京市总体规划2007～2020》，住房专题，2007.

6.1.2 四个安置住区：被边缘化的空间

1. 四个安置住区的基本情况

研究选取了南京市4个典型的保障房社区（图6-3，表6-2）：银龙花园、百水芊城、尧林仙居、西善花苑。银龙花园是南京主城范围内最大的保障性住区，建设面积54.9hm^2，建设住房量5898套，一期于2002年建成入住。百水芊城是南京市最大的保障性住区，建设面积166.8hm^2，建设住房量13253套，一期已经于2004年建成入住。尧林仙居是南京市第一批建成的保障性住区，建设面积34.5hm^2，住房量6700套。西善花苑是市区范围内离市中心最远的保障性住区，建设面积37.32hm^2。

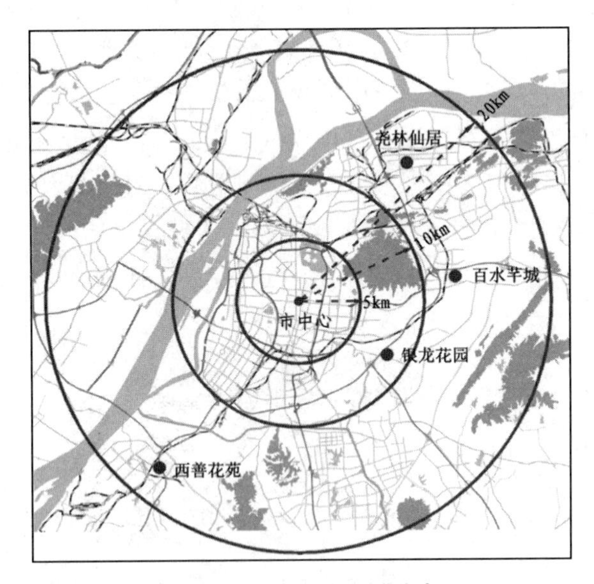

图6-3 4个研究区域分布

研究区域基本情况 表6-2

名称	住房建设面积（hm^2）	住房量（套）	建成年份	人均购买价格	市场价格	距市中心
尧林仙居	34.5	6700	2003	1500元/m^2	8900元/m^2	14km
百水芊城	166.8	13253	2004	1600元/m^2	9400元/m^2	12km
银龙花园	54.9	5898	2002	1800元/m^2	11800元/m^2	8km
西善花苑	37.32	—	2007	1800元/m^2	6500元/m^2	18km

数据来源：《南京市城市总体规划2007～2030》，住房专题。市场价格：http：//nj.fangjia.com，2011年11月；人均购买价格：问卷。

2. 边缘化生产的动因

保障性安置住区内的住房包含了经济适用房、公租房和廉租房三种形式，土地供应方式是行政划拨。其中出售的经济适用房由政府提供土地及税费减免，开发商建造并赚取不超过 3 % 的利润，而廉租房和公共租赁住房的土地和建设资金均由政府提供。在国家制定 2011 年保障性住房建设投资中，中央补贴 1030 亿元，仅占全年保障房建设投资的 30%，地方需配套 70%。保障房建设对于地方来说，不仅挤压了可创造巨额土地出让金的商品住宅土地出让量，还要占用土地出让收益作为资金补贴的来源，如果没有政策层面的控制，市场化的结果只能是使保障性住区空间边缘化的命运在劫难逃。以南京市为例，在 36 个已建和在建的保障性住区中（图 6-1），32 个住区建设在绕城公路以外 [1]，需要社会保障房屋的中低收入人群被迫迁往城市的郊区，促使中低收入人群在居住空间上被边缘化。

保障性住区对拆迁安置居民具有优先性，因此，虽然没有正式的数据对安置区居民类型进行统计，但是根据南京市总体规划，拆迁安置住房占整个保障性住区的 95% [2]。2010 年共有 4535 户人得到了经济适用房申请的相应资格，其中属于低收入住房困难户有 4523 户，其中 70% 以上属于集体所有制土地拆迁家庭，属于国有土地上被拆迁的住房困难家庭 12 户 [3]。

6.1.3 安置住区的社会空间：群体贫困的地域性集中

1. 安置居民的社会构成

根据调查问卷统计（表 6-3，表 6-4），安置住区的居民社会构成主要有以下特点：

（1）以集体土地征地拆迁安置居民为主，占受访人群的 9.5%。保障性安置住区居民被分为三类：一类为集体土地拆迁安置居民，二是国有土地拆迁安置居民，三是拆迁家庭以外的住房困难户。前两者为本研究的目标人群，根据随机偶遇的调查抽样结果（抽样调查方法在第 1 章 1.4.2 中已作详细介绍），安置住区以集体土地征地拆迁安置居民为主，占调查总数的 89.5%。因此，由于征地拆迁导致农民失去原有的农民身份和从事农业劳动的就业方式。

1 南京市绕城公路被认为是南京城区与郊区的分界线。

2 南京市规划局 . 南京市总体规划 2007 ～ 2030 住房规划专项，2007.

3 http：//blog.sina.com.cn/s/blog_70b53a860100qumz.html

安置区受访居民的身份构成（单位：%） 表6-3

原有户口		原土地类型		年龄		原有职业类型		现在就业状况		文化程度		工作更换次数	
本地城镇	22	集体土地	89.5	<18岁	0.3	农民	37.2	就业	26.9	小学及以下	55.3	无更换	77.2
本地农村	76.8	国有土地	10.5	19～30	6	个体经营者	1.4	失业/下岗	12.6	初中及中专	26.8	1～2次	12.8
外地城镇	0.7			31～45	17.7	国有企事业单位	22.1	退休	17.2	高中及大专	15.5	3次及上	10
外地农村	0.5			46～60	42	私营/外资企业	15.8	全职在家	43.3	大学及以上	1.4		
				>60岁	34	无业	23.5						

安置区受访居民的家庭成员（不含受访者）的身份构成（单位：%） 表6-4

年龄		原有职业类型		现在就业状况		文化程度		在岗就业家庭成员工作更换次数	
18岁以下	15.6	农民	32.6	就业	40	小学及以下	45.2	无更换	30.7
19～30	22.9	个体经营者	3.8	失业/下岗	12.6	初中及中专	31.7	1～2次	40.8
31～45	20.4	国有企业及事业单位	25.7	退休	8.8	高中及大专	20.8	3次及上	28.5
46～60	22.1	私营/外资企业	33.9	全职照顾家	26.9	大学及以上	2.3		
60以上	19	无业	4.1	上学	11.7				

注：受访居民人数为400人，家庭成员数986人，但是由于不同的问题回答的有效数量不同，因此以百分比作为统计单元。

（2）处于非就业状态的居民比例较高，处于就业状态的仅26.9%。受访者及其家庭成员近一半以上处于下岗、失业或退休的非就业状态，是造成贫困的直接原因。但也不排除居民通过一些非正规的就业方式自行就业，如打零工、跑黑车、摆临时摊等。

（3）学历大多为高中以下。学历在大学以下的为98.6%，其中小学学历占55.3%。许多研究表明，学历作为人力资本与收入呈正比例相关[1]（李峰亮，

1 李峰亮．对中国劳动力市场筛选假设的验证[J]．经济科学．2004.

2004)，学历是造成劳动力分工以及劳动力社会分化的重要原因之一。原有的教育资源的获得是导致学历较低的原因，学历较低造成被安置居民的就业困难。

（4）就业不稳定程度较高。将非就业家庭成员剔除，仅从那些就业的家庭成员来看，更换过工作的家庭成员占就业人数的 79.3%。一方面是受学历等综合影响，导致非正规就业人员较多，工作本身不稳定；二是由于拆迁安置导致农民身份转变或者工作更换。Smith 和 Zenou（2003）认为，那些远离就业机会的失业者选择长时间的失业和付出较少的努力去寻找工作是他们理性选择的结果，因为高额成本、拥挤不堪、超长路途的通勤将大大降低他们的工作效率和生活品质[1]，也是其根据居住地点频繁更换工作的原因。

2. 安置居民的家庭收入

2010 年南京市中低收入家庭标准为人均 1700 元 / 月，低保家庭为人均 400 元 / 月及以下。在调查中，属于中低收入家庭的比例为 92.8%，其中低保家庭比例为 22.6%，在安置住区形成了群体性贫困的集中（图 6-4，图 6-5）。贫困群体与其他阶层交流机会的减少，从而间接影响了就业机会，并导致由地理空间隔离所带来的社会排斥。

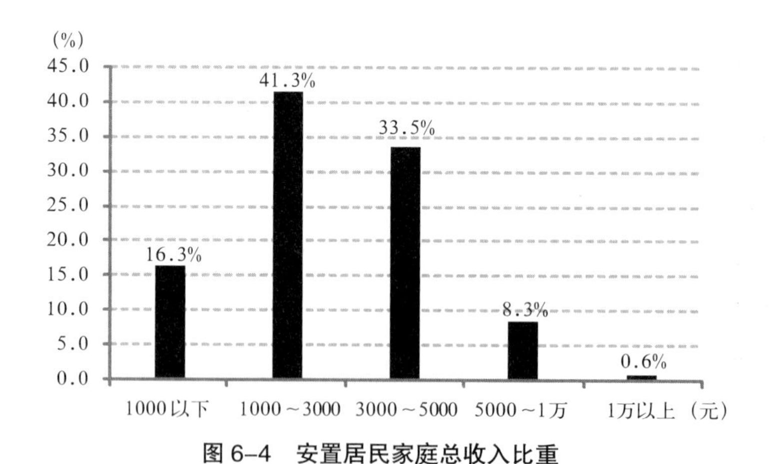

图 6-4　安置居民家庭总收入比重

1 Tony E. Smitha，Yves Zenoub.Spatial mismatch，search effort，and urban spatial structure [J]. Journal of Urban Economics，2003，54（1）：129-156.

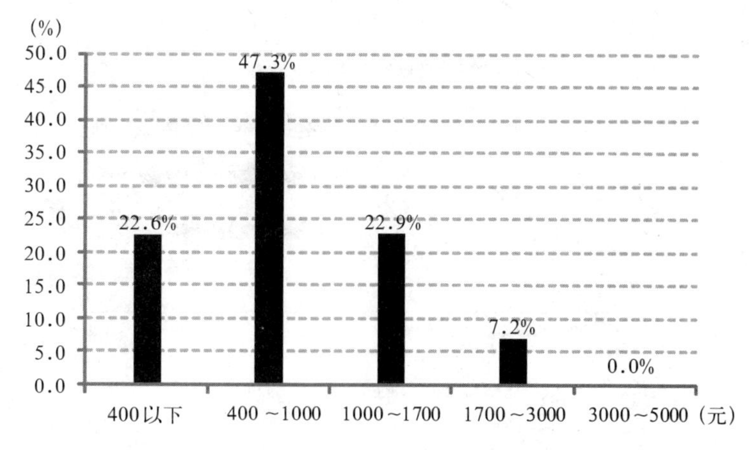

图 6–5　安置居民家庭人均收入——中低收入家庭聚集

3. 安置居民的居住情况

安置居民家庭现有的住房面积集中在 60 ～ 100m² 之间，人均住房面积向中等规模的 20 ～ 50m² 区间集中，不再存在 10m² 以下的住房困难居民(图 6-6，图 6-7)。但是住房面积的居中化也伴随着家庭结构的变化，原有的大住房多是几代同堂的大家庭，而安置后往往将大家庭拆分为多个小家庭居住在不同的安置住房内（图 6-8）。从拆迁安置情况来看，更多的家庭是在 2001 ～ 2003 年拆迁，2004 ～ 2006 年安置，通常拆迁后无法马上安置，平均需要租房过渡 1 ～ 2 年（表 6-5）。

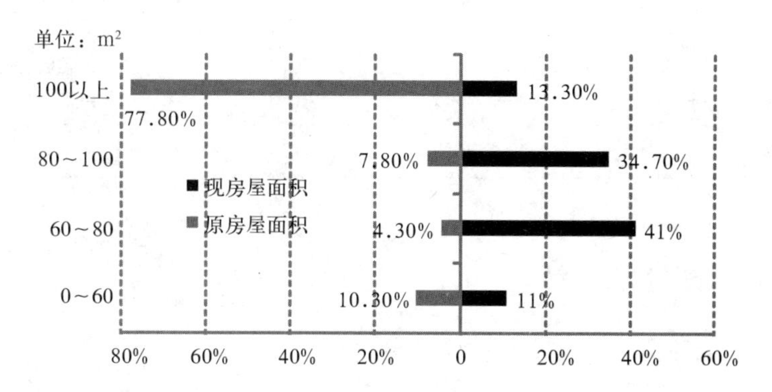

图 6–6　安置前后住房面积对比——由极端变为均匀

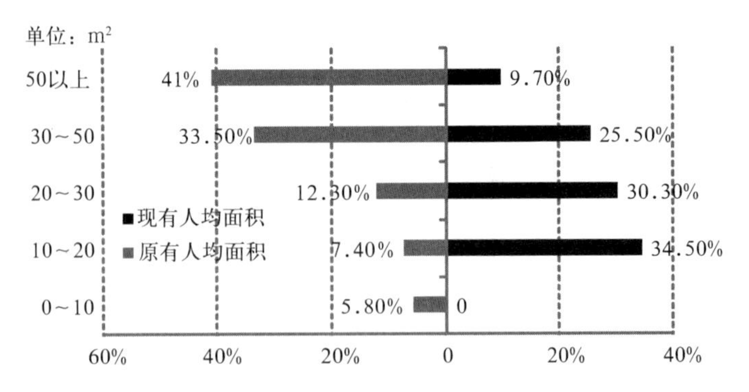

图 6–7　安置前后人均住房面积对比

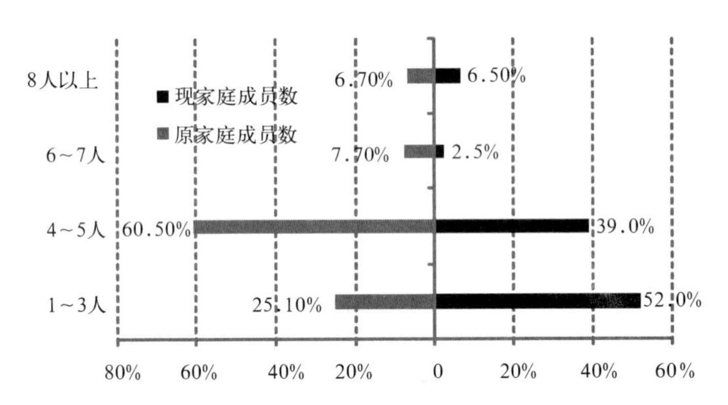

图 6–8　安置前后家庭人口数对比——小家庭增多

安置居民的拆迁及安置情况（单位：%）　　表6-5

拆迁年份		安置年份		平均过渡年份	
1997～2000年	1.2	1999～2000年	0.5	1年以内	27.6
2001～2003年	59.1	2001～2003年	2.7	1～2年	56.8
2004～2006年	34.9	2004～2006年	70.1	2～3年	12.1
2007～2010年	4.8	2007年以后	26.7	3年以上	3.5

6.2　日常生活的再生产

6.2.1　就业环境的变化

1. 原有谋生环境的消失

“我原来就在家门口开了个小卖部，每个月赚几千块钱，现在想在这里开，光是租门面一个月就要3000多”。

“工作换了，因为太远，一个月赚不了2000块钱，光是车费就四五百，中午吃饭也要在外面买。虽然这边比市里工资低点，但是算起来还是合算的”。

穷人首选地点，追逐工作机会而聚居；富人首选环境或凸显其“身份性”的区位（魏立华等，2006）。安置区中多数居民家庭属于中低收入群体，原有的长期稳定的居住环境，对于居民尤其是从事非正规就业的大多数居民而言意味着就近就业，住区更新改造则意味着再次就业。在那些位于城市中心的住区更新前，有一定经济能力的居民已搬离，把旧屋租住给外来人口，仍留在更新地区居住的大多数是经济水平有限的居民，他们除了没有离开旧居住区的经济能力外，更主要是因为这里提供了赖以生存的经济环境和社会网络。然而，随着住区更新的进行，这种低收入居民赖以生存的传统经济和社会网络将不复存在。

“以前还有自留地可以种点菜，吃饭基本上不花钱，现在什么都要花钱，有时候出去采点野菜”。

“做农民的时候，国家还有‘三农’补贴，现在成了城市户口，不仅没有补贴，还要自己交养老保险”。

对于未在城市就业的部分农村居民来说，从事农业以及利用自留地生产日常生活口粮是谋生方式；而伴随住区更新改造后的安置生活，则往往意味着低成本谋生环境的消失以及日常生活成本的升高。

2. 非正规就业空间的显化

非正规就业是指无法建立或暂时无条件建立稳定劳动关系的一种就业形式，它以与福利保障之间没有制度性的联系等为特征[1]（胡鞍钢，2001），但是其中包含了两种性质不同的非正规就业：一种是正式就业以及灵活就业中的非正规，它是我国私营经济以及多元经济并存的市场化方式的必然，但是国家未将这些产业部门在法律政策上予以确定地位，也没有给予劳动者以同等的福利制度保障；一种是自救性就业方式，由于失业及劳动部门无法接受过多的劳动力而产生的自我就业，具有临时性、无组织结构、没有稳定场所等特点。以此标准来衡量，在安置区中劳动生产空间大多属于非正规的就业空间。

居民在安置前本身就业不足（表6-4），在住区更新后一方面将原有的隐性失

1　胡鞍钢.就业模式转变：从正规就业到非正规就业[J].管理世界，2001，（2）：69-78.

业人口(下岗、农转非失业人口等)集中安置在安置区让其通过空间集聚而显性化;另一方面，制造了新的就非正规就业形式（如图 6-9），这种就业方式短期内对缓解贫困、城市服务（交通、就业培训、岗位提供）等发挥了正面作用，其对正规经济和就业无法保障的领域及部门的私人介入，也是嵌入城市空间生产体系的一种方式。这种现象在安置区内普遍存在。

图 6–9　安置区百水芊城门口的“黑”三轮与“黑”私车

图片来源：摄于百水芊城

3. 就业与居住的空间失配

在城市偏远地区集中建设保障性住房，导致中低收入居民远离就业密集区。根据对南京市的调查结果，安置区中原先有 11.3% 的人从事与服务业相关的职业，占就业人口中行业类型的 31.8%，但是由于大量城市中心在“退二进三”的产业变化中，经济重构和产业转移导致郊区新增就业机会与内城劳动力存量的空间错位，迁入保障性住区也对居民的工作选择产生了重要的影响。总体而言，被调查的保障性社区居民在迁入后，重新就业或因迁入而失业[1]的被调查者比例达 29%。在迁入前，被保障人群通常居住或租住在城市中心区，或邻近就业地点，而迁入后由于交通成本的增加而不得不放弃原有的工作另谋职业，同时，保障性住区周边缺少工作机会也成为居民迁入后失业的重要原因。

根据图 6-10 ～图 6-13 四个保障性安置住区就业人群的居住—就业空间距离变化图来看[2]，与迁入前相比，就业人群的居住—就业距离明显拉大，出现了就业—

1 “就业受影响”是指：因为迁入而重新择业或者失业的被调查者。因迁入而造成的被调查者从农民到失业的类型被归为“迁入前后无工作”，而从农民到其他就业类型归为“因迁入重新择业”。

2 图 7-10 中仅含迁入前后未换工作及迁入后重新择业的一位家庭成员。问卷中，“您是否有家庭成员的工作因为拆迁安置而受到影响”？“如果有请分别说明原有和现在的工作及工作地点，如果没有请仅说明家庭主要经济来源者的工作地点”，由于部分问卷问答仅到街、路的名称，此类情况近似为街、路的中点。

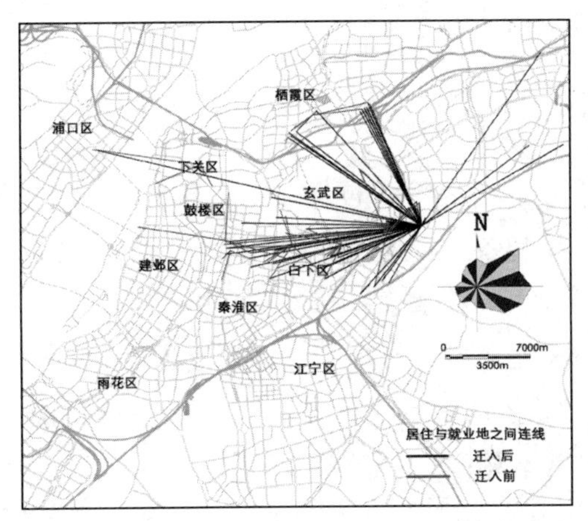

图 6-10 银龙花园就业人群居住 - 就业空间距离变化

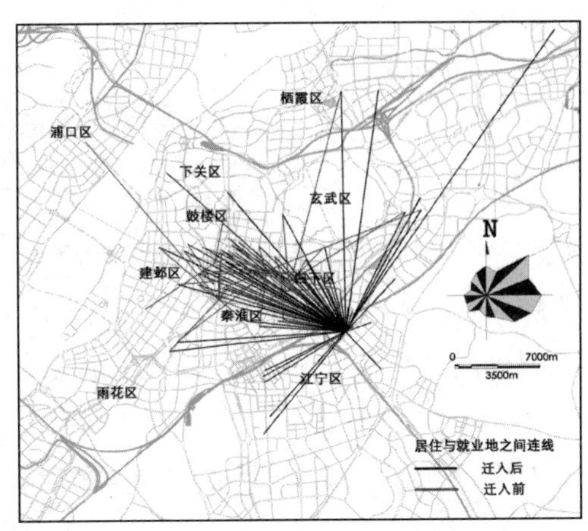

图 6-11 百水芊城就业人群居住 - 就业空间距离变化

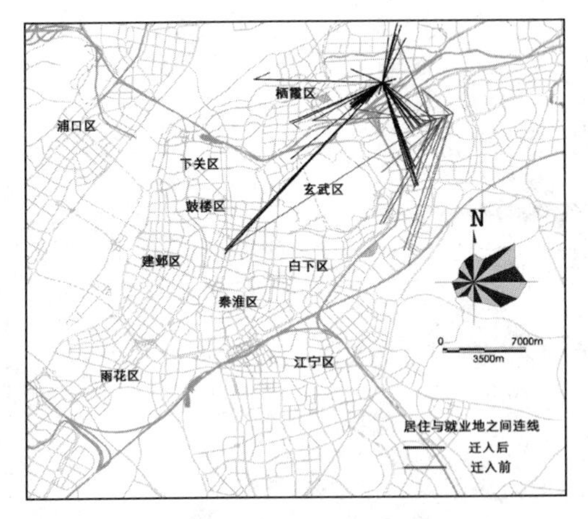

图 6-12 西善花苑就业人群居住—就业空间距离变化

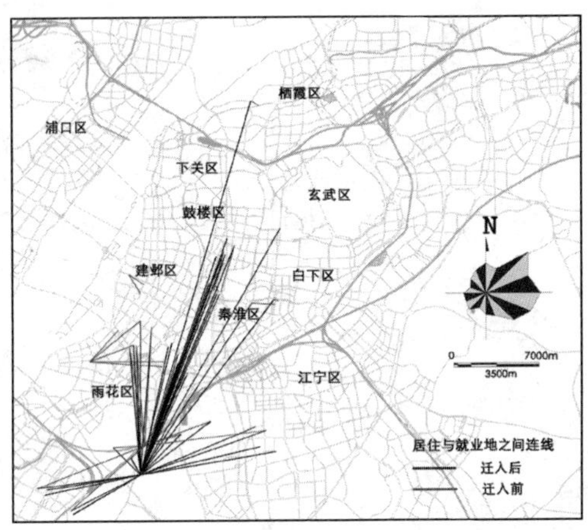

图 6-13 尧林仙居就业人群居住—就业空间距离变化

居住的空间失配现象。居住地和就业地的远距离分隔，增加了居民的通勤时间和成本。通过权衡通勤成本与获得远距离工作机会的收益，他们往往会选择长时间的失业（来自访谈内容），失业时间的长短与就业机会的可能性具有相关性空间失配现象严重，进一步加剧了社会不公平。哈维在对巴黎改造后的描述中提到，“巴黎劳动市场在地理分布上变得零碎，这使原本同住在一个屋檐下的工人与雇主分隔两地，于是加速了传统劳动关系的崩溃”。这正是为市中心新的劳动关系的树立扫清障碍，原本传统的劳动和关系瓦解，而市中心新兴的高端消费空间正在形成。

6.2.2 日常生活环境的变化

1. 开放的生活空间——封闭的边缘空间

事实上在我们的调查中发现，对于服务于日常生活的菜市场、卫生所、敬老院等按照规划建设要求每一个安置区基本都配备了，居民反映日常设施的方便程度较之过去有所提高(图 6-14,图 6-15),而且居民普遍表示买菜、小病就医很方便，物质性的住房条件如住房内部设施以及小区配套设施水平等也明显改善(图 6-16,图 6-17)；日常生活较之以前更为方便，对总体居住状况比较满意（图 6-18），这与对中国其他保障性住区的对比研究结果基本相同[1]（陈浩，2011；Li，2009）。

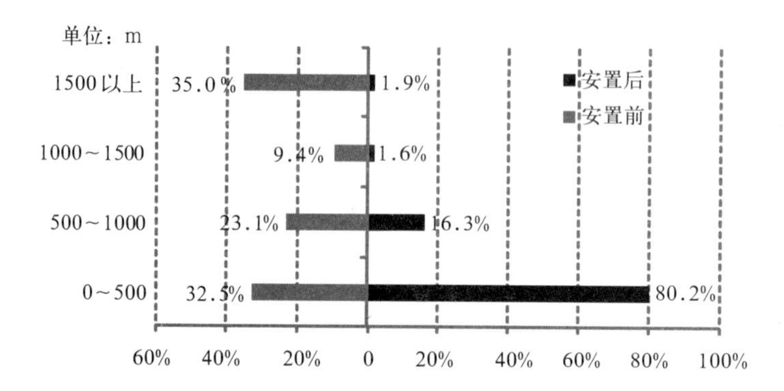

图 6-14　与菜市场不同距离——安置后明显改善

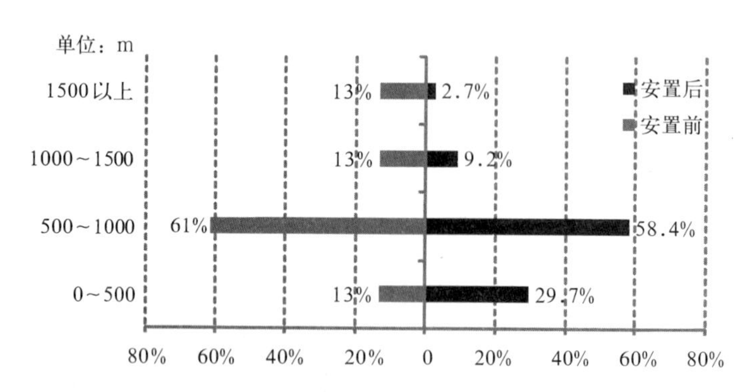

图 6-15　与卫生所距离——安置后略有改善

1 Li Siming. Redevelopment, displacement, housing conditions, and residential satisfaction: a study of Shanghai[J]. Environment and Planning A, 2009 (41): 1090-1108.

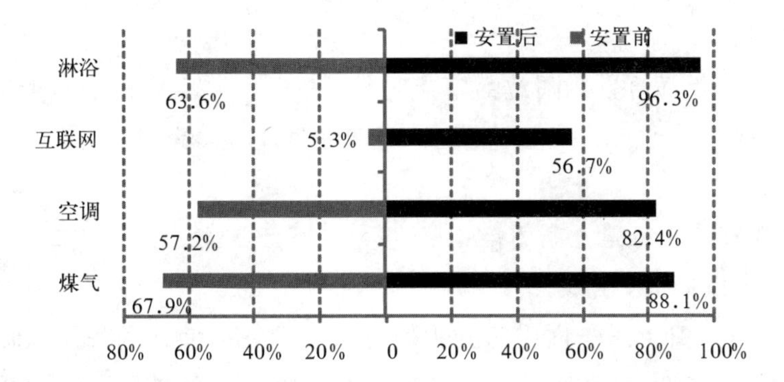

图 6-16　家庭设施拥有比例变化——安置后略有改善

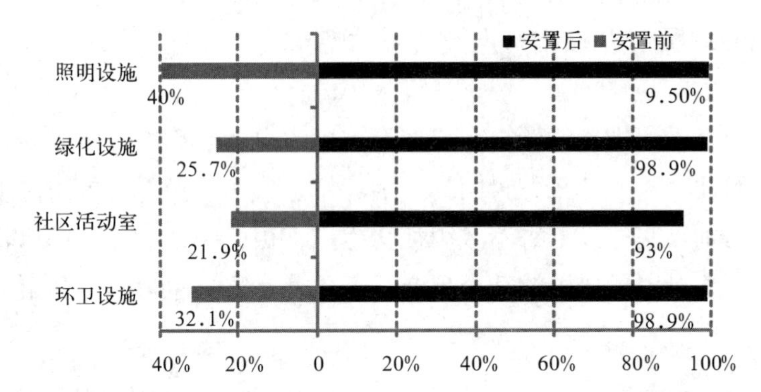

图 6-17　住区服务设施拥有比例变化——安置后明显改善

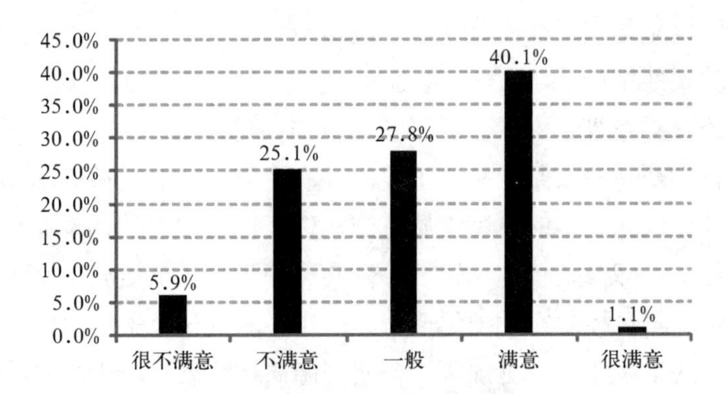

图 6-18　总体居住满意度

注：统计单元为居民选择某项的比例，由于每个问题的有效回答数目不同，因此以比例作为衡量标准。

但是与过去生活相比，居民日常接触的生活圈子被限制在规划控制的300 ~ 500m 范围以内，生活圈子变小，安置前开放的生活环境转变成为相对封闭的边缘生活空间，与城市生活形成了两个并行的社会，成为被城市生活抛弃的人，隔离感强烈。

“过去吃完饭还可以到周边的商店转转，家门口就很热闹，城里发生什么事情第一时间就能看到。现在在这地方，周围啥也没有，我们就当是为城市发展做贡献了”。

“以前我都是下班路上顺便接孩子、买菜、买点日常用品，现在什么都不顺便，都要花时间去做，很不方便”。

另一方面，由于保障性住房的规模巨大，致使即使在同一个保障性住房安置区内，不同住户与公共设施之间的距离也存在较大的差别。特别是对于百水芊城以及西善花苑这两个南京市市域范围内最大的保障性住区，其规模和方便性受到居民的质疑：“从家门口走到公交站就要半个小时”，“小区里面应该有公交车”。

成片集中建设大规模的社会住房在西方国家已备受诟病，表象的硬件设施改善将深层次的社会矛盾隐藏。封闭的生活环境造成了一种对安置居民生活权利的剥夺，无法与别人交往或不得不减少社会生活，由此带来的社会排斥将导致居民的生活贫困，并对安置居民的社会生产关系重新建构，也对其社会生活权利造成了剥夺。

2. 从“城市人”——与城市联系的割裂

日常生活设施是属于基本公共服务设施范畴，农村、城镇都应配套建设，这是规划建设的硬性指标，但是与市中心和城市生活相联系的设施，如综合型超市、综合医院、公交站点等，安置区居民较之以前往往更远（图 6-19 ~ 图 6-23）。城市公共设施首先是一种公共产品，主要由政府配置，政府突破效率和经济效益优先的束缚，发挥公共产品的福利性质是公共资源产品配置的基本原则。然而在市场经济的条件下，即使是福利性较强的公共资源配置依旧受到租金支付能力强的富裕阶层、中产阶层控制。士绅化造成的城市中心地区改造加之大规模保障性住区在城市边缘的集中建设，更加剧了公共资源向优势阶层集中的趋势，很大程度上剥夺了本身依赖公共交通出行来实现与城市中心就业相联系的中低收入阶层。无法享用城市基础设施的保障性安置区，使居民与城市的联系割裂：

“如果不是家里的设施变化，安置后的生活感觉一下子回到了 10 年前，甚至都不止”。

“这趟车还是去南京的？”（西山花苑公交车站一妇女问司机）

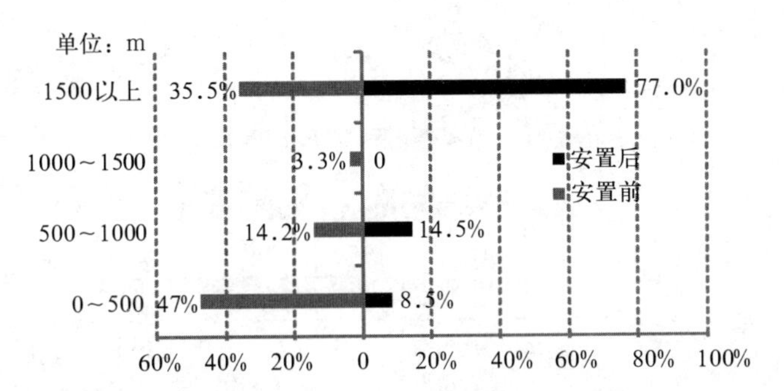

图 6-19　与综合型超市不同距离——安置后变远

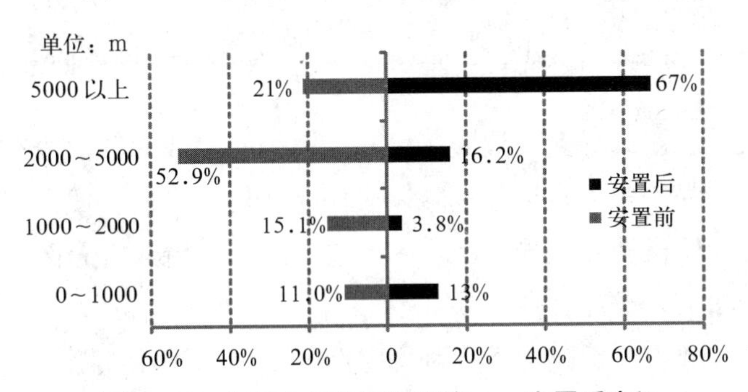

图 6-20　与综合医院不同距离——安置后变远

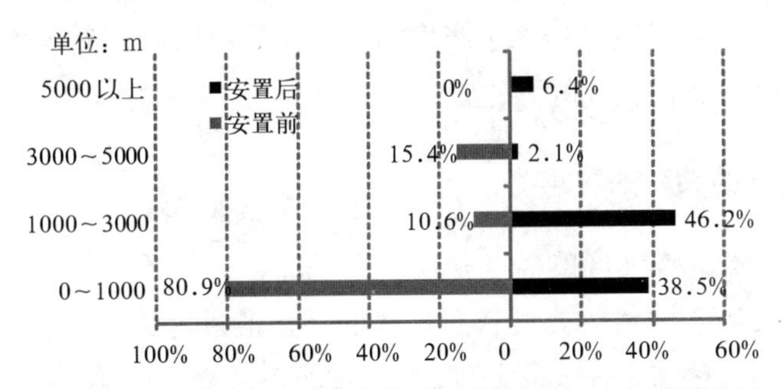

图 6-21　学龄子女家庭与教育设施距离——安置后略远

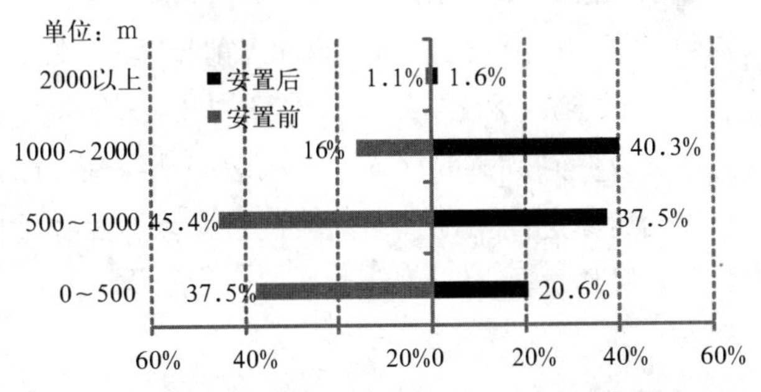

图 6-22　与公交站点距离的比例变化——安置后略远

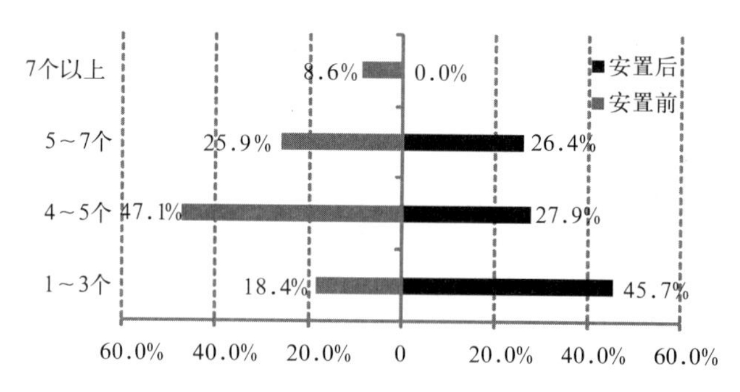

图 6-23　公交线路条数的比例变化——安置后变少

注：部分居民安置时间较早，无法以当时安置后的情况衡量前后的变化，“安置后”仅指调查当年即 2011 年，因此公共交通等有了很大的改善，但是商业、医院、教育等公共服务设施发展滞后。

与城市联系的割裂导致安置区居民与城市中的其他人群缺少交流等，违背了平等机会原则，强制安置在边缘区限制了住房选择的自由，城市公共基础设施分化过程（教育软硬设施的差异、医疗等）也在无形中造成安置区居民与城市生活联系的割裂，同时也放大了优势阶层（中产阶层）所享有的物质特权、经济机会、公共服务以及对城市的影响力等，利用空间的断裂和排斥性阻断城市中心各类资源的外泄，从而形成自己的封闭空间，加剧不同档次社区和不同层次群体之间交往空间的闭合趋势，产生并强化了严重不平等的社会结构，而恰恰又是这个社会结构造就了分化，彼此之间的强化正是通过空间再生产来实现的。

6.2.3　难以建立的邻里归属感

在调查中，保障性住区的居民来自于南京市各个地区，有城市中心区迁出的居民，也有来自周边农村的当地农民，还有租住的外地人群，住区成员在观念、生活方式等方面均存在着较大的差别。居民虽然对总体上回答“满意”的比例较高，但对分项满意度如邻里熟悉程度、住区安全感与迁入保障性住区前相比等仍有很大的下降[1]（图 6-24），居民的主要往来群体为迁入前社区的邻居（图 6-25）。这说明新的保障性住区由于社会成分较为复杂，有机的社会网络难以在短期内形成，长期生活过程中仍然难以达到满意的程度。从久居的地缘依附以及单位社会劳动分工关系依附中形成的居民之间信任感逐渐淡化，并重新建立地域性关系，形成成熟的社会网络则需要经历更久。

1　选择“差一些或差很多”的比例相对较高。

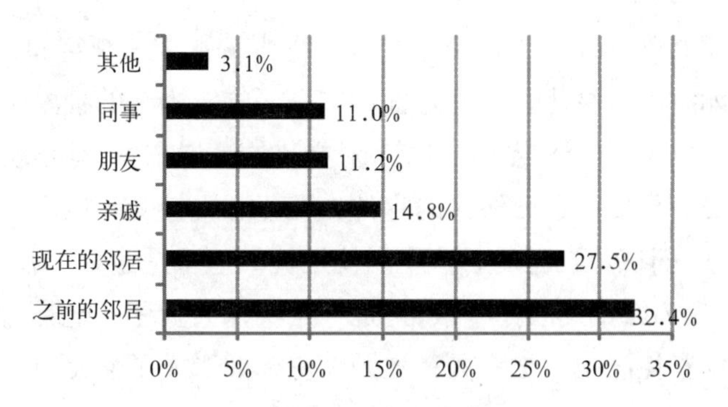

图 6-24　主要来往群体

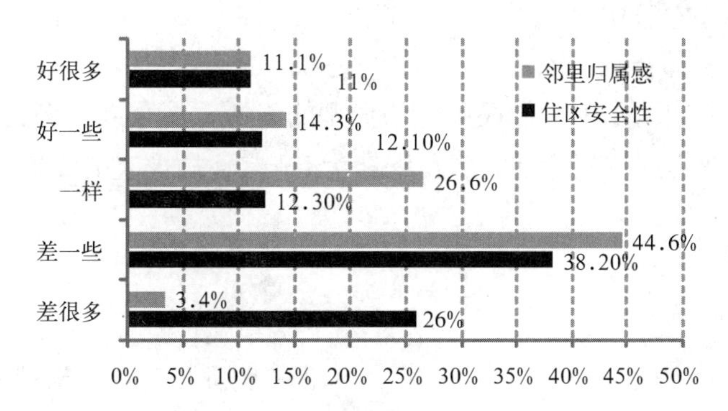

图 6-25　邻里归属感及住区安全性

集体对个人的制约源于邻里和社会的归属感和网络，社区的归属感会产生强制的信任，人们会把集体的规则置于个人眼前利益之上，一是因为人们认为这样会带来长远的利益，二是如果做了集体期望之外的事情，个人将被驱逐[1]（李志刚，2011）。因此，建立在邻里归属感基础上的信任与网络作为一种社会道德准则制约着人们的行为，在住区安置的空间规划中，设施改善绝不仅仅是唯一的衡量目标，社区归属感作为日常生活质量的体现方式之一，也是城市更新制度和更新规划中应该考虑的。

6.2.4　心理空间的变化

列斐伏尔认为，空间甚至可以表现为人的心理效应而成为心理空间。因此，住区更新方式对日常生活的统治不仅表现在物质生产与消费领域，而且体现于对

1　李志刚，顾朝林 . 中国城市社会空间结构转型 [M]. 南京：东南大学出版社，2011.

人们的精神文化心理无孔不入地全面控制过程中，形成一个空间：有外部直接的物质被统治，如空间边缘化，也有隐性的、全面的、内在的抽象统治，这就是心理的变化——形成了无主体意识的生产，对文化的分崩离析，对心理的瓦解。例如，拆迁安置的居民们已经通过政策性的宣传，在心理上接受了他们住房被拆迁是为城市建设作贡献，而认为自己对居住空间使用性的追求是违背了城市发展的大局，“我们不是不愿意为城市发展作贡献，可是补偿实在太少了，让我们怎么生活呢？”又如，居民在安置住区中的被隔离和被抛弃感，都形成了强大的心理空间。

6.3 日常生活的重建个案

在这里本书选取了安置居民中较为典型的案例，从个人住房生活经历侧面反映住房制度以及拆迁安置生活，主人公蒋女士[1]家住被调查的安置住区百水芊城。

6.3.1 为了户口

蒋女士 58 岁，一家五口人，丈夫、儿子、儿媳和孙子。

蒋女士在幼年时期随父母居住在中华门张家衙居委会，家里还有一个姐姐和一个弟弟，1969 年响应国家号召“上山下乡”、“我们都有两只手，不在城里吃闲饭”，“人人都劳动，户户无闲人”，于是随父母被下放到宿迁市茅尾公社，户口也随着迁往宿迁，16 岁时转为知青。下乡后，在生产队劳作并在生产队分到了简易房，一家五口 40m^2，蒋女士认为在当时已经算是受到照顾。10 年后的 1979 年，随着知青返城潮，父母和蒋女士打算回城，但是由于原有位于中华门的住房原本属于蒋女士的爷爷，叔叔一方面担心蒋女士一家户口回城后要分房子而极力阻挠，另一方面，政策规定知青的户口必须是亲戚家庭成员同意申报，才可以落户，因此，蒋女士及姐弟为了不成为“口袋户”（即户口无处可落而只能放在自己口袋里的简称），在向叔叔保证“只落户不要房子”才在原有的住房上落了户口。

住房短缺问题在知青返城潮时矛盾凸显，国家本身对住房投资压缩，原有住房面积小，住房仅通过福利分配的途径获得，户籍与住房挂钩等都成为计划经济

1 我们曾经试图用一个统一的模式和问题来询问每一个受访者，但是这样反而桎梏了受访者，得到的也是类似的统一答案。因此访谈中，不设定统一模式的问题，运用美国芝加哥社会学派的生活研究法——The Life Study Method，倾听受访者讲述自己的生活故事，每一个被安置家庭都有自己的故事。

时期住房的重要特征（具体见第3章）。

6.3.2　更新到来的那一刻

蒋女士结婚后，户口迁入夫家，丈夫为独子，与公婆同住在南京市玄武区后宰门街，丈夫是南京工艺漆器厂的非正式员工，蒋女士为南京沃奇灯具公司职员（2004年倒闭）。由于丈夫是单位非正式员工，因此没有享受到分房的福利，一直与公婆同住在老屋当中。丈夫于2002年下岗，通过和街道社区沟通成为临时城管员，蒋女士单位倒闭后，在后宰门街开了毛线店。丈夫在2002年继承了父母在后宰门街的老房，2004年由于后宰门拆迁，无法马上安置，政府以600元/月的标准提供了一年的过渡费及80m^{2}的一套安置房，经过争取，当地政府考虑到蒋女士家是儿子，婚配后仍需独户，因此同意在百水芊城二期提供60m^2、70m^{2}的住房各一套，蒋女士一家交42000元来支付多出来的面积费用。因为拆迁，蒋女士的毛线店关闭了，丈夫做临时城管员的月工资仅750元，后来也因为搬家而换了工作。

住房单位福利分配仅仅是体制内的职工，体制外，即使是同工同酬，福利制度却不尽相同，即使是在单位内部也有社会分层。住区更新到来的那一刻，更新掉的不仅仅是居住的房子，还有一家人的谋生方式和日常生活。

6.3.3　何处是我家？

百水芊城二期尚未建好，蒋女士家只得四处租房找房子，在过渡的两年内搬家3次，平均每个月租金在600～700元，住房面积也在20～40m^{2}不等，政府只提供了一年的过渡费，第二年因为要继续支付房租使得蒋女士一家生活拮据了更多。为了节省交通开支，自拆迁后蒋女士和丈夫只能在房子附近找工作，儿子在运输公司，较少回家。因为没有房子，儿子成家的事情也一拖再拖，直到2007年搬进百水芊城，儿子才于当年成家。

住房已经不仅仅是安居的功能概念，与一家人的工作、婚姻和日常家庭生活紧密关联。

6.3.4　“忍受”新的生活

安置后的生活，蒋女士并不完全适应，由于安置区居民混杂，有外来租客，有本地的拆迁农民，也有城市拆迁居民，因此作为城市中心外迁出来的居民，蒋女士在访谈中提到“死气沉沉，没有娱乐生活，楼道里竟是小广告，杂人来往也没有人管理；农村人素质差；楼上经常往下摔东西，到处乱扔；东西也容易丢，连放在家门口的下雨天的雨鞋都顺手偷走”。而对于安置的住房，蒋女士也提到好房源都被分配给有办法的家庭，自家的房源并不理想。但是较之以前四处租房的生活现在还算安定，比较满足。

安置区不仅仅是安身立命的基本居住权利，总体而言，居民对物质环境的改善是满意的，但其中的社会融合和社会问题也日渐凸显。硬件设施的改善在规划中有配置标准，而社会规划、居住融合以及由于安置所导致的社会排斥等问题则被忽视，也是受到居民抱怨的方面。此外，保障性安置住房的分配和管理也成为问题。

6.4 边缘空间的生产

6.4.1 住区空间的分化与碎化

住区空间并没有因为保障性安置区的建设而平等，地理资源的空间按照地租收入最大化进行分布，恰恰是更为不平等。由市场化、自由化经济影响下的城市表现出住区空间和社会的分化特征。城市成为明显的双城，富与穷，核心和边缘。在城市中心，中产阶层住区以经济利益共同体取代了以社会联系为纽带的住区空间，低收入群体在边缘空间的地域性集聚，使特定的精英群体对城市中心控制的作用更大。而边缘人群的非正规低端劳动力市场和就业，不仅维系边缘空间的生产，也是整个城市再生产的重要组成。一面是为成长为全球城市而进行的高技术、资本密集的经济联系以及精英权利和诉求的扩张，另一面则是工业、制造业紧缩和服务业增长导致的日益增加的低端劳动力人口。2005年中国的基尼系数更是高达0.47，有学者甚至认为目前已经超过了0.5[1]（李强，2004）。社会结构的两端膨胀而中间减小形成社会极化必然带来空间极化，住区已经由过去高度集中统一和连带性的单位集体特征，转变为更多带有局部性和碎片化的特征：如外来移民与本地村民聚居区，杂化的单位制住区，封闭的富人区与低收入住区在郊区共存。

1 李强．转型时期中国社会分层[M]. 沈阳：辽宁教育出版社，2004.

6.4.2　贫困的极化与再生产

安置区的居民主要由内城住区更新和农村土地征用导致的拆迁居民组成。对于内城住区更新的居民来讲，由于1990年代末中国经济结构的重构，企业模式由劳动力密集向资本技术密集型转换，大批下岗国有企业职工绝大多数居住在老城区，再次经历了2000年开始的大规模城市更新。具有经济能力的职工通过购买商品房的形式迁出，留在老城居住的多数是下岗或者从事“非正式”职业的劳动者，如小商贩或手工业者，地域性群体贫困成为城市中心住区居民的空间特征[1]（魏立华等，2006）。因此，居住在安置区的城市中心拆迁居民往往属于城市贫困人口；此外，在1990年代广泛的住房私有化过程中（房改房以及出售单位公房），购买者多数是体制内的单位人，获利群体也受到单位职位级别的划分，如干部家庭本身住房面积大，获得补贴也较多，一般职工家庭面积小甚至没有受益[2, 3]（Logan等，1999；Sato，2006）。收入差异和福利待遇差距的制度化扩大，以及在这些住房隐性因素并没有得到资源再分配的基础上，城市中心地区的更新和集中安置只会导致贫困人口贫困的加剧和极化。

集体土地拆迁居民与内城安置居民不同，经历了一夜之间的被城市化。原有的城市住房供应体制基本只针对有正规职业的城市居民，工作性质和户籍限制不仅在单位制福利分房时期对农村居民和城中村外来人口产生制度性排斥，即使在1990年代末住房市场化改革之后仍然一度发挥作用：如城市商品住房销售仅面向“本地城镇居民”，银行仅向有正规职业的本地居民提供贷款，户籍短暂开放的商品房市场对外来人口也仅限于购房款的一次性付清等，农村居民始终被排斥在主流的住房分配体制之外。尽管不少农村居民在住区更新的拆迁安置补偿中，因为房屋面积和集体土地使用权而获得了较高的安置补偿，身份也因拆迁安置由农村居民转为城市居民，但是由计划经济遗留的政策后遗症使他们始终在就业、福利等领域游离在主流社会之外。

社会阶层的分化直接体现为住区的空间分化，安置后的边缘化加剧了社会阶

1　魏立华，李志刚．中国城市低收入阶层的住房困境及其改善模式[J]．城市规划学刊，2006.（2）．

2　John R. Logan，Yanjie Bian，Fuqin Bian. Housing inequality in urban China in the 1990s[J]. International Journal of Urban and Regional Research，1999，23（1）：7-25.

3　Hiroshi Sato.Housing inequality and housing poverty in urban China in the late 1990s[J]. China Economic Review，2006，17（1）：37-50.

层分化。被更新的原住区作为社会稀缺空间资源而被高级住区占据，满足了高收入居民的居住需求，相应的社会公共产品在市场经济条件下也向租金支付能力较强的区位集中，而低收入者聚居的安置区却沦为贫民窟，其边缘化的区位因公共产品供应的缺乏而加强。因地租价格不同和个人地租支付能力不同而形成的住区空间分化，通过继承被延续下来，尤其是教育质量的高低决定了其子女脱离贫困和边缘的机会。作为资源再分配的保障性安置区不仅没有弥补市场机制导致的初次分配差距，相反却强化甚至固化了社会的隔离和断裂。最终贫困集聚形成的空间再生产，反过来会继续拉大他们和主流社会的距离，加剧他们的对抗，甚至可能酿成不可收拾的社会冲突。

第 7 章　中国城市住区更新的空间正义性危机——基于空间生产理论的透视

"如果这是一个美好的时代，那么它是资产阶级的美好时代"。

——列斐伏尔（1991）

列斐伏尔把城市比喻为潘多拉魔盒——里面装满了一系列的矛盾对立关系[1]。正如前面三章的案例从住区更新的两面——发生和结果、核心和边缘解析空间一样，一个镜像是把城市视为地域，是堕落、疾病、衰退、腐败的温床；另一个镜像则是延续柏拉图对希腊城邦理想的传统，把城市视为文明诞生的摇篮和美好新生活代言的诞生地。这种对立关系在城市中形成了多个异质空间（heterogeneous space）：在发达城市广泛存在的城中村，而在城中村中又以亚空间存在移民空间，这些空间之间和空间内部充满了对立的关系。而这种对立体现在住区更新中则呈现出一种分裂图景：一面是大规模的保障房和安置区建设，一面却是富人区和穷人区的分界越来越明显；一面不得不为筹措廉租房的建设资金而犯愁，一面却不断推倒实质扮演"廉租房"角色的城中村……从南京的老城南到北京的古老商业街区大栅栏，再到老上海的标志石库门均厄运难逃。二元冲突下城市更新的不正义正在普遍上演，但它不是对国外经验的简单复制，而是叠加在中国自有制度基础上的一个变形。

7.1　中国住区更新的空间正义性危机：资本、权力控制的日常生活

7.1.1　利益参与主体权力的非均衡

1. 权力扩张对住区更新的不正义参与

"资本的集中趋势是一个规律"，而在我国的空间生产当中，在不完全市场化

1　转引自李佳．城市中的摊贩：规划外存在的柔性抗争 [C]. 陈映芳，（日）水内俊雄，邓永成，黄丽玲．直面当代城市问题与方法 [M]. 上海：上海古籍出版社，2011.

的经济转型中，地方政府充当城市空间垄断人的角色，在这样的情况下一旦出现不正义的权力实施，便会加强对特殊空间资源占有的集中趋势。对上海石库门地区的开发直接委托香港瑞安集团[1]，南京老城南历史地区因“项目的特殊性[2]”为缘由，将商业开发土地协议出让给国有企业背景的开发商。为了单纯迎合资本逐利而将低收入阶层边缘化等，权力的不正义参与似乎在转型中国的背景下体现得更为直接。

按照哈维的资本循环理论，相对于资本进入产业领域的改革发展进程（资本的第一循环），资本注入空间、空间的商品化和市场化发展是哈维所述的第二循环。然而，地方政府对空间资源的垄断，使得其对第二循环中的资本流动干预大大超过了对第一循环产业资本的干预能力，特别是我国现有的土地政策和土地产权制度，如农村集体土地所有权的转变只能由政府垄断，在这种条件下，集体土地的市场价值被严重低估，使得基于土地之上的城市空间成为最大的国有资产和被干预最多的市场。中国的城市住区更新是行政机制和市场机制同时发挥作用的结果，市场机制推动了资本的升值，而行政机制又维系了资本的力量[3]，使得本身就被市场力量削弱的空间资源再分配机制通过不正义的权力实施过程得以加强。凭借计划手段的“国家再分配”在市场经济条件下已经失去了昔日的重要性，而借助市场化过程的空间资源再分配又屈服于资本的力量，住区更新不得不沦为资本攫取价值的手段，同时满足以经济和形象为目标的双重政绩需要。

2. 话语权的不对等造成市民权利不正义的表达

从案例中我们可知，住区更新的空间生产总是将自身置身于一个特有的话语之中，无论是“危房改造”，“扩内需、保增长”、“历史文化保护”、“十运会城市建设”等，均成为城市更新实施的“话语”背景。权力可以将这种“话语”通过政策性文件、媒体的广泛传播植入大众的日常生活，令更新成为实现这些“话语”的合理实施途径。福柯指出，“语言、知识、权力”正是通过这些“话语”来实现的。权力通过自己的知识和控制的资源（如媒体、法律政策）将住区更新的要求不断合理化，转化为权力实施的工具，将空间的再现即自己头脑中对空间的理

---

1 Yang，Y.，Chang，C.. An urban regeneration regime in China：A case study of urban redevelopment in Shanghai's Taipingqiao Area [J]. Urban Studies，2007，44（9），1809-1826.

2 来源：http：//www.njbbs.gov.cn/simple/?t32436.html 南京市政府网站网络问政。

3 林毅夫，蔡昉，李周 . 中国的奇迹：发展战略与经济改革 [M]. 上海：上海人民出版社，1994.

解，通过各种方式植入大众对空间的理解之中，而原居民对自己住区空间的合理使用需求，在这种不断被强化的话语背景下反而成为一种反经济、反发展的行为。正是这种话语权的不对等，以及当前自下而上表达渠道与机制的缺乏，使得草根阶层的话语权只有通过不正义的方式来引起媒体关注，以提高社会影响力，从而寻求权力的快速回应，正当的权利诉求演变为一种不正义的表达。权力和知识通过正规的主流途径表达经济政治诉求，而居民则通过“非正规”、“非正式”的符号，甚至以暴力等各种形式存在（图 7-1）。

图 7–1　权利诉求的另类表达

图片来源：摄于南京老城南

3. 原本的利益被强化——强势权力的持续

以城市政府为代表的权力本应该是为了保障足够的市场竞争，然而在特定情况下它却被用于保持个人和垄断资本在空间领域的优势和特权。特别是社会经济结构转型以来，对发展效率的不断强调和对公平正义问题的忽视，使得资本和权力总是倾向于那些拥有地位和优势的阶层。空间成为新的可以被用以生产和分配的资源后，空间的倾向性也通过住区、消费空间等分化日益明显地表现出来，市场造成的空间资源占有不平等被权力和再分配的体制强化。Nee（1991）这样描述中国的转型[1]（partial reform）——不仅仅优势群体在改革中继续着他们的利益优势地位，甚至在市场化的条件下这种地位被强化了。南京的实证案例再次证明，住区更新本质上更是拥有政治资本、地位资本的强势阶层继续保持并巩固了其对稀缺空间资源的占领，而原有的贫困、环境、居住等社会问题只是在地理上由中心向边缘转移而已，被边缘化的居民面临着比先前更加边缘的位置。Bian和Logan（1996）将其称为权力的持续（power persistence）：并未解决公平问题，甚至带来更多的不公，弱势群体的权利不仅不会上升，甚至有所下降[2]。

7.1.2 资本与权力合谋的空间生产成果

1. 城市空间交换价值压倒使用价值

在列斐伏尔看来，资本主义空间的同质化、连续性以及碎片化和断裂特征是资本主义社会阶级分化的空间表征，工人阶级是除了出卖劳动力以外一无所有的人，不得不束缚于空间统治权。因此，工人阶级会因无法满足空间使用价值需求而抵制空间价值的普遍化，空间的使用价值阻碍着资本主义因价值碎片化而企图实现的空间统一性。简言之，资本摧毁原有的空间使用价值来实现自由流动，而工人阶级则因被束缚于空间统治而屈服。

在我国市场经济环境下城市空间被商品化，对于空间投资者来说，城市空间是一种可供资本积累的交换价值；政府则将其视为一种集交换价值（土地财政）与符号价值于一身的共同体。自城市空间（土地）成为可以流通的商品之后，空间本身的使用价值被日渐忽视，资本的空间生产本质上关心的是空间的交换价值，也是资本生产模式自我维系的一种方式。资本空间生产的不断扩展，使城市空间的交换价值被人为大幅度提高，而原有的依附于土地上的建筑不仅没有提高价值反而降低了价值，于是资本通过城市空间功能的"交换"实现固定资产的价值增值。交换价值在资本作用下压倒使用价值，通过城市更新实现向空间交换价值的转变。当使用价值和交换价值出现严重对立之时，城市空间生产中的多个利益群体产生的利益冲突也会愈演愈烈。

而城市空间交换价值压倒使用价值的不正义，正在被当前一些不合理的政策

1 Victor Nee. Social inequalities in reforming state socialism: between redistribution and market [J]. American Sociological Review, 1991 (56): 267-228.

2 Yanjie Bian, John R. Logan. Market Transition and the Persistence of Power: The Changing Stratification System in Urban China [J]. American Sociological Review, 1996, 61 (5): 739-758.

所加强。例如，在我国的城市拆迁安置补偿政策中，被拆迁居民的原有住房价值不是以市场价格来衡量，而是房屋重置价加上区位基准价格（即房屋的建筑成本加上土地的基准地价[1]），这个价值一般远低于住房的市场价格（市场价格还包含了开发商的利润价值），这往往成为当前中国城市更新中原居民与政府的社会矛盾冲突点所在。

2. 空间的同质性取代异质性（地方性的多样性）

马克思直接指出：资本天生是个平等派（夷平者）。作为全球化，一个最显著的特征就是均质化，因为世界从经济、文化到政体之间差异太大，混乱的秩序不便于资本家对资本流动作准确的判断来加以控制，所以以资本国家利益为出发点，将一种符合资本家预判规律的经济构架推广至全球。曼纽尔·卡斯特认为，全球化的目标是“要把所有的经济体统合在一组均质的游戏规则下，使资本、商品和服务可以随着市场的判断而进出流动”[2]。相似的游戏规则不仅仅反映在经济上，由此而造成的影响更是波及文化、政治和城市空间。

住区更新亦被纳入资本夷平空间异质性的逻辑当中，最明显的就是利用当地资源特殊性的更新方式。正如同民国文化之于南京，汉唐历史之于西安，旧上海想象之于现代上海，资本利用文化的特殊性而给空间赋予更多的剩余价值。但是其矛盾在于：越是特殊的资源，在资本的改造下越是变得不特殊。资本刻意寻求特殊性和稀缺性以获得垄断地租，但是每次对特殊性和稀缺性的成功驾驭，却使得其本身的特殊性随之消失殆尽，成为资本利用生产的标准化“车间”，无数个流水线生产的“新天地”诞生，不可不说是资本与文化一次又一次的美好结合[35]。

与此同时，这样的空间打着“时尚环境”、“高档消费”的旗号迎合中产人士的需要，中产阶层的文化、消费口味取代原有的市井文化和地方资源特色，而全球化的同质文化正是通过空间更新实现主流地位。因此从全球化的层面来看，资本这样的更新植入并没有什么可特殊的。同时从某种程度上讲，资本本身也在破坏空间资源和当地资源的多样性，以使空间变得更加同质化，以削弱资本进入的门槛。

1　施国庆，盛广恒，蔡依平．城市房屋拆迁补偿制度的缺陷 [J]. 城市问题，2004（4）：48-51.

2　（美）曼纽尔·卡斯特．网络社会的崛起 [M]. 夏铸九，王志弘等译．北京：社会科学文献出版社，2006，P126.

3. 消费空间替代日常生活空间成为城市主导

住区更新也与消费联系在一起，住区空间往往与商业消费合力打造，通过基础设施先行扫清空间障碍之后，在新建住区周围配套开发购物场所以征服市场（吸引中产阶层并带动城市地区的消费）。因此，城市特别是城市中心的日常生活已经被各种各样的消费空间所主导，成为一个巨大的购物场，大型的 shopping mall 取代了传统意义公共广场、居民住区，凡是和“消费”不符的异质性的日常生活都会被逐一改造。“更新后的现代新城区里找不到一家面馆和小摊贩，城市越来越不像人住的地方”。

哈维通过对资本生产方式的剖析指出，在后工业时代日益扩张的资本垄断竞争的环境下，资本生产正把一切事物进行“大胆无耻的商品化和商业化”（Harvey，1989）。新的生产领域和消费型的空间景观已经是城市的商品化特征，并将继续，其结果是产生了一个“消费主义的审美经济”社会。经济被文化、美学、符号过程所渗透，城市被消费空间的灯光、气氛烘托出繁荣景象，给人带来更好的视觉愉悦，其基本目的是产生意识形态上的控制力，使人在这样空间成为消费者并导致生产关系的改变。空间作为一个整体，已经成为生产关系再生产的所在地，因为城市空间的消费主义特征，所以在生产中把消费关系投射到全部的日常生活之中，改造了不符合消费空间的人（驱赶原住民），吸引并控制那些符合资本需求的群体（吸引中产阶层并使之成为消费者）并进而控制着社会关系的再生产。

7.1.3 居民日常生活的被剥夺

1. 究竟谁受益？

哈维曾用巴塞罗那的商业化改造案例对更新进行剖析，巴塞罗那成为被复制的欧洲迪士尼乐园，不过是被权力阶层创造的幻象乐园，而巴塞罗那已经丧失了自己本身的特殊性。哈维不禁发问：谁创造了这个想象的乐园？是谁的集体记忆在这里被纪念？究竟谁才是巴塞罗那历史上最重要的历史书写者（安达卢西亚的移民？加泰罗尼亚的原住民？还是共和主义者？）？这样一场空间运动，是谁在其中受益？

资本的价值不是凭空创造的，利益和价值的交换来源于社会价值的牺牲，价值交换是以住区原住民的日常生活为代价的空间生产关系的改变。城市中破旧的住宅即使在挤满住户的情形下，可预期的收入与商业空间相比也是微薄的。在资本的强势逻辑下，打着“危房改造”、“改善居住环境”的口号进行的住区更新，将那些老旧社区的人群驱赶到城市的边缘，从而让城市中被更新过的空间再现辉煌。但是，其改善后的环境并没有被原居民所分享，相反在资本的强势逻辑下，他们的边缘化居住状况被巧妙地掩盖起来，由此衍生出的社会问题如社会排斥、保障房成为新类型的贫民窟等。以住区更新方式实现的资本剩余价值创造正是以牺牲原居民的日常生活为代价的过程，而真正的受益者却不再是更新之前口号宣传中的受益人群，口号成为一种借口。

2. 被忽略的更新社会成本

住区更新的社会成本包含了因住区空间更新所致的安置成本、引起的社会冲突的消解需要花费的成本、居民的日常生活重建成本、失业及收入损失等等，住区更新中涉及的每一个部分要必须进行调整以配合中心部分的生产，由此造成大量的社会成本并没有被计算在内。社会成本在美国的清理式住区更新中被广泛地批判（social cost）[1,2]（Wu，2004；Hari，2010），政府只能通过再培训和提供新的岗位以缓解失业问题，由此产生社会成本。同样，在我国由住区更新所导致的失业问题严重，特别是农民失地失业，仅靠社区提供的个别临时性岗位维生，却忽略了失业的广泛性以及由此造成的社会冲突给城市福利造成的社会负担成本。由此住区更新成为对资源剥夺性积累的方式，它剥夺的不仅仅是空间资源，亦包括在空间至上的生产关系（就业关系）和生活福利（近公共设施等）。

7.2 空间正义缺失的内在机制

7.2.1 转型初期经济目标导向下社会正义价值观的缺失

市场经济兴起后对效率优先发展方式的强调，使社会价值观对发展的概念出现曲解和偏差，呈现出经济利益至上、唯经济是瞻的社会价值观缺失现象。这种现象一是来源于对长期空间价值的极度压抑：自上而下的计划经济体制严重阻碍了城市的自治和发展，因此在市场经济放开之后，政府的趋利性与公民社会监督

1　Fulong Wu. Residential relocation under market-oriented redevelopment：the process and out comes in urban China[J]. Geoforum，2004（35）：453-470.

2　Makiko Hori，Mark J.Schafer. Social costs of displacement in Louisiana after Hurricanes Katrina and Rita[J]. Poplation Environment，2010（31）：64-86.

的缺乏，导致片面追求经济效益与形象工程，对社会公平正义问题轻视；二是对公共产品和公共资源的极端态度在经济和社会空间多维同步转型的情况下，日趋复杂的利益和矛盾多发导致对公共资源分配更加困难，并且对资源占用的阶层分割产生固化，特别是空间资源的占用具有长期和不易改变的性质，因此即使是现在建立了社会公平正义的价值观，也难以将现有的空间不正义在短时间内扭转。

7.2.2 制度结构对资本自由市场的强化

1. 公共产品纳入积累逻辑

市场经济改革将资本引入开发建设行为予以制度化，私有资本大幅开发原属于国家公共资源的土地和空间的方式，成为支撑经济发展特别是1998年经济危机以来国家转型的重要工具。旧城改造、地产、城市营销等词汇的出现也充分展示了这一市场实践的结果。虽然市场经济主张市场主导的方式，但是国家仍扮演重要的角色，国家干预并没有消失或减弱。而是国家产生质变以建构市场[1]（Brenner, 2004）。政府政策逐渐朝向私有化、民营化、地方化发展，减少国家干预，削弱对市场的管制。很多以前的公共产品被私有化和纳入积累逻辑：住房、医疗、教育、公共设施等，但是国家主导治理模式在新的市场经济中依然得到变相的延续，资本只能依靠国家制度化的方式被引入开发，如土地出让期限、土地指标、国家利用金融政策调整资本投资方式等。

另一方面，1994年的分税制改革极大地改变了中央和地方政府财政收入能力的对比，地方政府对财政资源的剩余权和控制权进一步扩大[2, 3]（王永钦等，2007；林毅夫，2000），然而，对支出责任之间的划分继续延续了计划经济体制下的特点，地方政府仍然需要承担基本公共产品的服务，如基础建设、城市维护、农业建设、教育卫生医疗等等。随着市场经济改革，地方政府还面临着巨大的来自国有企业下岗职工，以及为大量失业人口提供社会保障体系的压力，省级以下地方政府承担了巨大的公共产品支出责任，偏离国际经验的中央与地方支出责任安排比例[4]（平新乔等，2006）。为了保证地方财政支出和收入之间的平衡，地方

1 Neil Brenner. New state spaces. Urban governmance and the rescaling of statehood[M]. Oxford：Oxford University Press, 2004.

2 王永钦，张晏，章元，陈钊，陆铭 . 中国的大国发展道路——论分权式改革的得失 [J]. 经济研究，2007（1）：4-15.

3 林毅夫，刘志强 . 中国的财政分权与经济增长 [N]. 北京大学学报，2000，4（37）：6-17.

4 平新乔，白洁 . 中国财政分权与地方公共品的供给 [J]. 财贸经济，2006（2）：49-56.

仅对于有助于招商引资的基础设施建设支出加大，而不得不降低了非经济性公共产品（不能带来经济效益）的供给[1]（傅勇,2010）。因此,住房作为准公共产品（私人性与公共性并存）被完全纳入积累逻辑，由此造成的住房市场化的强势冲动与非商品房公共供给的弱化，造成了住区更新中矛盾凸显的根源之一。

2. 城市政府的企业化

1990年代后全球化、市场化的环境转变，极大地改变了地方政府与中央以及地方与地方之间的关系[2]（张京祥等，2004），城市政府与国家的关系也不再是自上而下的指令性传达和服从，与国家和其他城市之间彼此博弈，吸引资本成为一种刺激地方发展的现实需求。因此从理论上讲，城市政府将致力于为资本铲除限制、保持空间的可进入性，形成了地方权力与资本之间结盟的深刻关系。通过同等级城市之间的竞争加上房地产市场的投机，积累了工业资本、地产资本与金融资本，国有资本与各类型资本形成权钱的混合[3]（杨宇振，2009），成为共同推进城市空间形态演变的地方力量。所有资本运作的关键取决于对土地、资金等资源的垄断（哈维，2009），然而权力却加强了这种垄断的趋势，并为资本运行的空间管理谋求合法性。

对内，伴随着分税制改革的是中央权力的下放、地方自主权的扩大，但同时国家公共消费支出的重任也向地方城市政府转移，压迫地方财政预算，迫使城市政府通过土地出让收益来弥补公共消费支出与财政收入的平衡，也由此推动了城市经济、社会结构的快速重构以便适应空间转型；对外，城市通过吸纳外资以及资本，不仅缓解了西方国家资本过度积累的问题，同时也促成了中国内部市场经济的飞速成长和空间的快速重构，使中国城市实际上成为由地方政府控制的超级企业（张京祥等，2004），自此产生了“企业型政府治理”。哈维认为从1980年代开始，政府从管理主义（managerialism）走向了企业主义（entrepreneurialism），企业型的政府有三个原则性的特点：第一，相比较福特主义下的管理主义政府，地方政府治理下的城市社会越来越被强大的商业利益所影响，特别是通过大量的公共—私人合作形式的存在。第二，这些商业项目很少将生产的利益用于财富再

1　傅勇，财政分权、政府治理与非经济性公共物品供给 [J]. 经济研究，2010（8）：4-15.

2　张京祥，吴缚龙，崔功豪．城市发展战略规划：透视激烈竞争环境中的地方政府管制 [J]. 人文地理，2004，19（3）：1-5.

3　杨宇振．权力，资本与空间：中国城市化 1908-2008[J]. 城市规划学刊，2009（01）：62-73.

国家与城市发展的阶段性特征 表7-1

全球化、市场化的中国分期	发展国家的管理主义	转型期	发展国家的企业主义
转变时间（年）	1966 1976 1978	1988	1998 2007
经济特征	工业化	资本吸引 市场化	后工业化转向
国家的自由化政策	1978改革开放政策	1996金融体制改革 1994分税制改革 1992邓小平南巡 1988土地管理法	2007医疗制度改革 2003教育产业化 2001加入WTO 2001货币化补偿 1998国有企业改革 1998住房商品化改革 1998银行向个人开放贷款
与世界范围的接驳	战后凯恩斯主义 1979新自由主义兴起	1997亚洲金融危机 1995WTO成立 1992北美自由贸易区 1991苏联解体	2008世界金融危机 2005北京共识 2002欧元流通
重大开发计划	国有企业 生产城市建设	特区设立建设 沿海开放	国际金融 高科技
城市形式	工业生产城市—单双核	消费城市—双核	后工业、城市更新—多核
城市治理方式	国家主导的整体开发政策	中央主导的政策与重大规划，地方配合中央协助开发	地方主导的公私合作，促进政商联盟的形成

分配和福利领域。第三，最重要的是这些项目本身被当作一个“旗舰”（flagship）工程用以提升城市形象。哈维也指出，其中更大的风险存在于地方市场以及城市之间对于有限资本的竞争，通常是由城市公共部门而不是由私人企业家来承担，因此风险性极大，可能导致投资失败并且公共福利支出下降[1]（Macleod，2002）。

在国家层面，运用GDP式的政绩考核强化企业主义的治理模式，因此城市政府如何吸引资本并防止资本逃逸、持续不断地为资本供给所需的生产资料和制度环境成为主要目标。而随着交通、通信等对不发达地区的渗透形成“流动空间”，空间对资本流动的障碍性进一步瓦解，流动性加强将使企业主义的行为结果在各个城市中进一步显现。因此，城市住区更新中更多的是体现出企业化政府与经济

1 Gordon Macleod. From urban entrepreneurialism to a "revanchist city"? On the spatial injustices of Glasgow's renaissance [J].Antipod，2002，34（3）：601-623.

精英的结合，通过一系列的再开发战略实现二者通过空间生产达成的一致性目标。

7.2.3　受限的权利表达途径

1. 权利斗争领域的转变

随着资本主义以及一体化市场的全球性扩张，生产关系的矛盾也越来越由以工作场所为中心的劳资冲突，转向对生活、消费领域的社会空间运动，如农民从税费负担到征地纠纷，城市居民从工资收入引起的罢工到对生存环境权利的争取（路权、阳光权等）等。原有通过工会联合起来的工人阶级斗争转变为由生存问题到发展问题的转变，各种生产问题已经让位于各种过剩生产问题：劳动者用一只手拿走了在工作场所斗争中争取的工资，却用另一只手送走了自己的居住地（索亚，2004）。工资的斗争失去了意义，而关于政治权利和管理权力的斗争作为至关重要的因素强加进来，并从商品和服务行业的生产领域转移到维系和提高稳定的城市生活水准的再生产领域（罗维斯，1975，转引自索亚）。

因此，城市住区更新中的斗争和反抗，从对基本居住空间的争取上升为对日益扩张的资本力量的抵抗，以及对自身政治和参与权利斗争的争取，如居民从对自身空间的争取，上升为对城市公共空间参与权和城市规划民主化的新诉求；从对自家历史房屋建筑的保护，上升为对集体记忆和法律（宪法、物权法、历史文化名城保护法等）的共同维护。

2. 权利自下而上可能表达的途径

在单位体制时期国有企业作为国家政治和经济的稳固中心，在相当长的时间充当着各级事务的代理人角色，住区更新也几乎由单位包办，居民通过单位来进行权利的表达和反馈。改革开放后，随着社会结构的转型，我国一直倡导用社区管理代替单位管理模式，但社区依旧是依附于国家行政权力体系内，使其在住区更新中往往与拆迁办、开发商等共同站在拆迁家庭的对立面。在农村的集体土地所有制上，人民公社解体后其行政权力被移交到乡镇政府，通过对村级领导干部的拆迁动员等工作使他们本身作为利益攸关者，在实际操作往往面临着村民自治关系和经济理性的双重困境。因此，基层组织以及上一级政府部门（乡镇、区政府）成为住区更新中的利益参与者，导致居民表达权利、维护利益的渠道并不畅通。

另外，除了与相关部门的接触和申诉，居民还可以通过法律诉讼、群体抗议和诉诸媒体向政府部门施加压力的方式进行。然而对于法律诉讼来讲，城市住区更新往往打着“公共利益”的名义，住区更新对居民个人住房和土地的征收属于合法行为，因此法律难以将其与具体的个人建立起对应关系。因此，后两者抗议往往成为居民最常用的方式，中国的土地制度规定了农村土地为集体所有，这使得农民在遭遇自己的土地利益被侵害时还能纠结成群；但在城市中更新住区的杂化与混合导致利益多元化，只有少数群体出于对共同的空间诉求能集结起来，而且群体性的抗议和媒体施压均不具有强制约束力。

因此，“上访”以取得更上一级政府的支持，成为中国居民应对房屋拆迁的典型权利表达途径。我们从对农村居民对房屋土地纠纷的解决方式研究中可见一斑：诉诸法律者的比例远小于西方国家，而中国独有的上访模式使整个纠纷模型呈现“葫芦”状[1]（Michelson, 2007），上访成为双方无法达成协议后的首选方式。应该说，中国居民权利在制度化框架下表达抗议的途径并不少，但是由于政府在住区更新中的角色错位、法律机制的不完善导致对公权力的扩张缺乏制约，有法不依的现象非常严重。

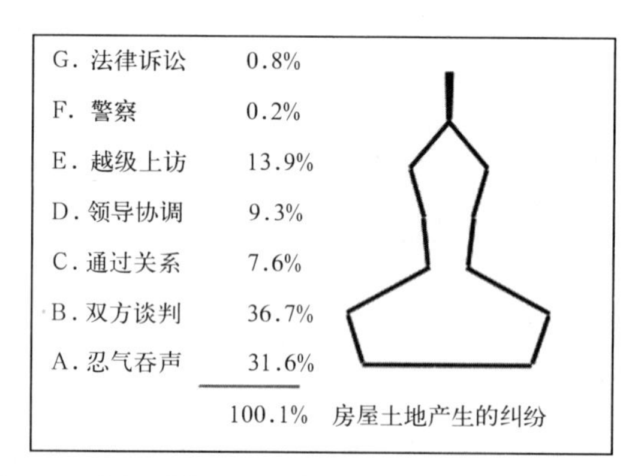

图 7-2 农民对房屋土地产生的纠纷解决方式运用比例

图片来源：参考文献 170

7.2.4 缺少可以沟通平衡的力量：NGO 组织

中国社会的权利分化正在剧烈进行，但是建立在公民权利基础上的市民社会还不成熟。因此无论是村民自治组织，还是民间组织、媒体监督的自主性都不强，

1 Ethan Michelson. Climbing the dispute pagoda：grievances and appeals to the official justuce system in rural China [J]. American Dociological Review，2007（72）：459-485.

依然处于国家权力的强势控制中，成立的许多NGO组织也是国家行政权力支配下的结果，服从于党政管理社会的需求[1]（王名等，2002），以便从国家获得组织的合法性以及生存的必要资源。近年来，为了应对中国社会发展格局的变化，推动国家治理体系的现代化，国家也越来越重视社会团体的作用，先后颁布了相关的管理规定[2]，但是由于种种实际情况导致NGO组织仍然无法充分成长并有效发挥作用。虽然在本书研究的南京老城南案例中，专家和本地精英担当了非制度性NGO的角色，但更多是被动地靠"感情"、"社会责任感"临时自发形成，其不稳定性导致难以持续发挥作用，对后续的监督工作也难以进行。总之，在城市住区更新中缺少来自居民团体的NGO组织，也缺少来自社区或社会团体的制度性NGO组织，导致居民在与政府的协商中始终处于弱势地位，其利益无法保障。

1 王名，贾西津．中国NGO发展分析[J]．管理世界，2002（8）：30-42.

2 1989年《外国商会管理暂行通知》,《社会团体登记管理条例》;1998年,《民办非企业单位登记管理暂行条例》等。

第8章　走向空间正义的空间生产——建立一个正义价值观的住区更新

一种总体的革命——物质的、经济的、社会的、政治的、心理的、文化的、欲望的等似乎就在不远的将来，虽然已经内在于当代之中。

改变生活，然而，我们必须首先改变空间。

——列斐伏尔（1991）

8.1　中国当前社会发展转型与走向的研判

8.1.1　全球新自由主义空间生产的广泛影响

在占有一切形式的剩余劳动上，资本从未给自己套上任何意识形态限制，如此被称为自由主义，它唯一的目的是占有更多的剩余劳动及其价值，市场私有化和自由化是新自由主义的核心（哈维，2009）。自1970年代全球经济危机以来，以英美的“撒切尔主义”、“里根主义”为肇始，西方各国相继在一定程度上开启了向新自由主义的转型过程。西方世界的转型基本特征是在原有的市场经济制度框架内重新调整积累系统与社会调节模式：从福特制—凯恩斯主义向后福特制—新自由主义的积累体制转变。这种转变与全球化进程的深化建立紧密的关联，带来了西方世界由凯恩斯政体向新自由主义政体的普遍转型，同时通过新自由主义政体的机器——跨国公司、世界银行、货币基金组织、世贸组织等，向广大的发展中国家输出新自由主义体制。

西方国家新自由主义政策集中体现在城市方面的主要意旨为：“取消国家提供的社会保障，转而强调个人在市场中的竞争力”。随着全球化的流动，以积累政策转变和市场目标导向的新自由主义已经由西方扩散至发展中国家[1]（Peck，

1　Peck J. Geography and public policy：Constructions of neoliberalism. Progress in Human Geography，2004，28（3）：392–405.

2004）。许多学者以新自由主义城市论（neoliberal urbanism）来定义新自由主义影响下的空间再结构过程——城市为了在全球城市的位置中占得一席之地，而转向更具市场导向的和竞争力的发展策略[1,2]（Brenner and Theodore，2002；Keil，2002）。而地方政府也寻求经济振兴的能量与新自由主义结合，引领都市的再结构。而其本质是为资本打开限制的空间场所，形成自由流动的世界环境。

西方新自由主义发生的时间恰好与中国经济改革的时间一致，经济、政治、文化自由因素都逐一出现在了中国的城市发展之中。自1978年起，中国也开始了探索如何利用商品经济以致最后向市场经济体制的转型过程，并最终通过行政性分权、国企改革、土地与住房商品化改革等市场化的改革，塑造了中国特色的新自由主义环境。中国特色的新自由主义（neoliberalism with Chinese characteristics）主要体现在强大的资本主义全球化和既有的制度框架之间的交互作用[3]（Wu，2008），从而形成了权威严厉管制下的经济自由模式[4]（卡斯特尔斯，1999），而这种作用体制极大地推动了地方政府和公司对于城市空间的开发[5]（He等，2009），并重构了中国城市空间：（1）激烈的城市内部与城市之间的竞争；（2）城市中心财富积聚速度的加快；（3）通过区域转移来进行城市空间矛盾调节，如近年国家推动的家电下乡、城乡统筹政策等，其实质是为解决城市产能过剩而进行的危机转移，资本总是对新积累空间的开拓具有无休止的追求[6]（Harvey，1982）；（4）新城市贫困的产生，新自由主义不断强调"个人自律与自立精神"推动其阶级目标，作为经济负担，公共服务被一再削减，我国出现了典型的城市贫困人口。根据Wu（2008）的研究，典型的三类新城市贫困人群为：因产业转型而被迫下岗的产业工人、因城市发展而失去土地的失地农民、进城务工的"农民工"，他们构成了新自由主义全球化影响的所谓"边缘人群"。

---

1 Brenner，N. and Theodore，N. Cities and the geographies of "actually existingneoliberalism"，Antipode，2002，34（3）：349-379.

2 Roger Keil. "Common–Sense" Neoliberalism：Progressive Conservative Urbanism in Toronto，Canada [J]. Antipode，2002，34（3）：578-601.

3 Fulong Wu. China's great transformation：Neoliberalization as establishing a market society. Geoforum，2008（39）：1093–1096.

4 曼纽尔卡斯特尔斯．千年终结 [M]. 夏铸九，黄慧琦译．北京：社会科学文献出版社，2006.

5 Shenjing He，Fulong Wu.China's emerging neoliberal urbanism：perspectives from urban redevelopment [J]. Antipode，2009，41（2）：282-304.

6 Harvey D. The Limits to Capital[M]. Chicago：University of Chicago Press，1982.

8.1.2 城市成为资本积累的主要空间

中国发展转型一方面是为了适应新自由主义影响下新的生产方式，另一方面也造就着一系列空间和累积方式的转变。积累体制本是马克思主义政治经济学中调节理论（regulation theory）的基本概念，是指投资、生产和消费之间存在的某种联系的状态[1]。从维持市场经济发展的角度来说，积累体制指维持稳定经济生产与消费平衡类型的模式。同时，一个稳定的积累体制需要外在与其相适应的政治经济社会调节体制。由此可以得出，发展转型即生产方式的转变，必然带来由特定的制度（组织）所主导的积累体制的变化，积累体制得以存在的条件就是它与再生产模式是连贯一致的[2]。在我国，改革开放以来积累体制的变化主要表现为：

（1）积累空间由单位转向了城市，它在某种程度上成为我国经济转型和积累体制变化的标志；(2）消费取代生产成为城市的主要职能，而在这场"消费革命"[3]（Davis，2000）中，住房就是最主要一项。住房消费正是通过吸纳资金投入建成环境的建设，从而促进了以城市空间为基础的积累；(3）地方成为组织生产消费的重要功能组织，地方政府的政策目标不再局限于传统的提供地方福利和服务，而是积极地采取外向性的、用于培育和鼓励地方经济增长的行动和政策，成为企业家型政府。

然而在转型条件下，资本生产积累范围不断扩大，由个人向家庭向单位向城市向区域拓展，哈维在《资本主义的城市过程》中说明，空间在地理上转移资本主义内部矛盾，并不断在范围上扩大了、在程度上加深了其矛盾。因此，积累方式和范围的扩大，导致资本生产的内部矛盾通过克服空间障碍而化解。城市成为重要的积累空间后，不断巩固其建成成果，造成固定资本的量越来越大，因此导致的生产和周转时间越来越长，在这种构成不断增加的条件下，空间就越是成为资本流通的障碍。空间的惰性愈是强大，资本的总体危机也愈是深刻，因此，资本积累体制的危机通过地理的转移和不平衡的地理发展来解决的动机就越强烈。通过空间重组、技术变革、基础设施重构、经济转型等一切手段来化解危机，但事实上是为下一长波的积累过程的危机积蓄能量。因此可以说，积累体制的转变

---

1 Painter, J. Regulation theory, post- fordism and urban politics. Readings in Urban Theory [M]. Oxford: Blackwell Publishing.

2 胡海峰．福特主义、后福特主义与资本主义积累方式 [J] 马克思主义研究，2005，(2)．

3 Davis, D. The consumer Revolution in Urban China, Berkeley, CA: University of California Press, 2000.

一方面适应了当前资本生产的需要，但另一方面也孕育着生产过剩的危机，由此造成转型的继续。

哈维指出，中国特色的新自由主义发展已经偏离了新自由主义的轨道，大量的剩余劳动力迫使中国只能靠债券融资、大规模开展基础设施计划和固定资本形成计划来缓解，但是有可能发生固定资本过度积累的严重危机，尤其是在建设环境方面，中国城市投资中已经发生了爆发与亏损的循环（哈维，2010）。这从中国当前大多数地方政府是负债经营的实际中，可见一斑。因此当前中国所谓的转型，成为积累体制无法满足生产需要的一种过度积累的危机应对，而且中国已经越过了转型的第一个阶段——从作为生产场所的工业国家（城市不是一个在资本积累上的实体，只是国有企业的集群，是它们的生产场所[1]）转型为消费国家，进入了转型的第二个阶段——为应对固定资产投资产生的生产过剩而实施的国内（城乡统筹等）和国外的双重转嫁（对外廉价倾销工业品等）。

8.1.3 空间生产的价值日益凸显

城市产业结构由“二、三、一”向“三、二、一”的转变，表征城市正在由改革前社会主义时期的生产型城市向转型时期消费型与商务型城市转变，传统城市建成区成为当今中国城市主要的商务和消费中心。传统空间中遗留的物质构造、社会关系是作为支持工业生产活动和社会主义福利而构建的，是国家意志和社会主义“平等”的意识形态的体现。而商务型与消费型城市其本质上反映了资本积累的内在诉求，这与传统空间的社会属性存在着内在的矛盾，这使得它们必然性地成为城市消费化和商务化发展亟需改造和更新的对象。制度变迁所产生的市场利益与政府利益，则为城市空间再开发提供了微观动力。

作为市场化改革的一个重要方面，中国政府在1988年起实施城市土地有偿使用制度，城市土地不再像计划经济时期仅仅作为单纯的使用价值而存在，它的交换价值得以凸显，在这种背景下，提高城市土地利用效率、加快传统空间的再开发等问题被城市政府主动地提出来。城市政府为扩大地方的财政收入，开始加快传统空间的消费化升级，提高用地的经济效益，推动了城市空间再开发的广泛开展。继城市土地使用制度改革以后，中央政府又推出了住房商品化改革，它改变了计划经济时期住房作为纯粹由政府提供的集体消费品的公共福

1 吴缚龙．中国的城市化与新城市主义 [J]. 城市规划，2006，30（8）：19-23.

利属性，而将其供给转由市场来提供。在城市化快速推进的背景下，住房的刚性需求形成了中国城市住房的卖方市场，造成了严重偏离实际价值的住房价格，房地产成为中国现阶段的支柱产业与高利润行业之一，在 2008 年的全球经济危机之后，它更是“绑架”了中国的整体经济，蕴藏着巨大的经济和社会风险。这意味着在中国的城市空间中存在巨大的预期租金差（rent gap）——如果对传统空间改造，并将其开发为商业、商务用地或高尚住宅，城市政府与开发商及其背后的金融资本则可以从这一转换中获取高额的利润（保守地估计，在中国当前的土地与房地产市场中，政府、开发商的利润率总计可到 50% ~ 60%）。巨大的预期租金差激发了政府与空间投资者改造传统空间的无穷动力，当然这其中还因为近年来国家对城市新增建设用地的供给指标约束日益趋紧，一时间全国大中小各级城市政府都纷纷大规模推出城市更新项目。在城市政府的积极引导下，国内外金融资本、民间资本、产业资本纷纷进入房地产市场，快速地推进了全国各地城市的住区更新项目。

8.1.4 城市发展的转型实质是对社会利益的调整

由上分析，一方面中国城市发展转型虽然不完全，但与生产过剩造成的积累危机有关；另一方面，很难不把 1978 年中国经济改革与西方英国 1979 年和美国 1980 年发生的新自由主义转向视作世界意义的巧合。结果中国建立了特殊的市

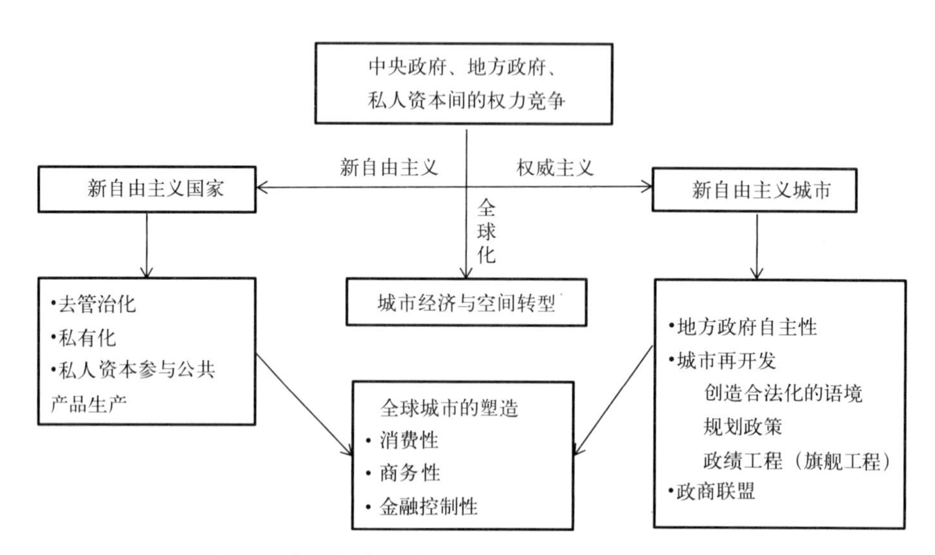

图 8–1 中国新自由主义影响下的城市空间分析框架

场体制：将新自由主义要素与中央权威主义的交叉结合[1]（哈维，2010）。新自由主义所带来的全球化、市场化和国内分权化成为中国城市发展转型的宏观背景，由于新自由主义下的发展如果没有相应的改变——阶级关系、私有权以及其他的制度安排，那么市场并不能改变经济，因此中国城市出现了一系列的经济政治制度变革以适应新的生产力发展方式，被称作中国城市的转型发展。它作为一种"空间演化的制度分析框架[2]"的多维转型（张京祥等，2008），是一个社会的整体性的动态发展过程。同时，也不得不承认当中存在对生产过剩危机的调节，这种多因素并存的权威主义式中国城市发展转型主要表现为以下特征：

（1）城市空间经济属性的凸显。1988年起城市土地有偿使用制度使得土地的交换价值得以凸显，成为市场经济条件下城市政府可资经营的、最大活化国有资产，成为获取城市建设资金回报的重要渠道[3]。这一时期资本由制造业流向房地产业，原有的工业用地转换为房地产与商业用地，旧有的单位及传统社区被新的商品房社区所取代，因级差地租造成了城市空间发生功能置换。

（2）重塑的城市政府职能与角色。自1980年代以来不断向地方分权的改革，调整了中央—地方政府关系，重塑了城市政府的角色，当然也重塑了城市在我国积累与调节模式中的角色。市场化改革、财政体制改革等塑造了新型的城市政府与市场关系，政府的企业化越来越明显；政府职权的重构以及国有企业的改革与改制，单位制逐渐解体，因此重塑了城市中政府—单位与个人的关系。中央—地方关系、政府—市场关系，单位—个人关系的重构突破了传统城市政治的框架（国家—地方—居民高度一体化的政治架构）[4]。

（3）重构的社会力量与社会生活。大规模变革反映到社会空间，表现为社会中等收入家庭日渐增多并不断影响空间即制度的重构；人们的消费从生活必需品转向了消费耐用品，从对基本生存权利的需求转向对提高社会生活质量的追求。社会生活冲突领域也由以收入差距为主的劳资冲突，转向以社区和经济价值共同体为主的民主权利诉求。

应该说，西方国家的转型是在原有资本主义价值体系和制度框架内为适应

1　大卫·哈维．新自由主义简史[M]．王钦译．上海：上海译文出版社，2010.

2　张京祥，马润潮，吴缚龙．体制转型与中国城市空间重构——建立一种空间演化的制度分析框架，城市规划，2008，32（6）：55-60.

3　陈虎，张京祥，朱喜钢，崔功豪．关于城市经营的几点再思考[J]．城市规划汇刊，2002，140（4）：38-40.

4　陈浩．转型期中国城市住区再开发中的非均衡博弈与治理[D]．南京：南京大学，2010.

全球化环境而进行的有限调整。而中国式转型既不同于西方国家的新自由主义转型，也不同于苏联激进式变革“休克疗法”所导致的整体发展衰退，改革开放以来进行的渐进式发展变革成为独有的“中国范式”。它并不是区别于新自由主义城市的一个特殊类型，而是后者基于自身地理和历史条件的一个变形[1]，城市所体现的发展模式既与全球化流动以及新自由主义息息相关，也是由自身历史地理条件（权威）所塑造的。因此，这种转型被看作是一种“创造性的破坏”(creative destruction)（吴缚龙，2006)：它从来不是建立在一个白板之上，而是对原有旧秩序的局部破坏，以支撑新一轮的生产，以及在“破坏”与“建立”的制度环境中发生剧烈的冲突都成为其必然存在。

然而，城市转型中遇到的冲突和剥夺性的积累矛盾并非无法化解。一种方式是社会主义的建立与继续发展，让其现有的不合理的空间被下一个更合理的空间所取代（根据列斐伏尔的“每个社会都生产自己的空间”)；另一种方式是迫切地为现实空间在转型环境下寻找一个正义的出口和改进方式，对空间保有一种乌托邦的想象情怀（依据哈维对希望的空间论述)，因为乌托邦的追求对空间实践的改进提供着强大的进步源泉[2]（胡大平，2007)，这为本研究寻求中国城市转型期住区更新的空间正义提供了理论基础。

8.2 空间正义的理论架构

在转型期的混乱环境中，通过城市住区更新而将大量的国有财产合法或非法地流入小部分私人手里，实际上是把公共利益圈给了少数人，而提供给失地、失房者的仅是土地价值的一小部分（哈维，2010)。住区更新是最典型的空间生产现象，如果作为空间生产的住区更新以社会公共利益的名义，牺牲一部分人的利益，剥夺一部分人的权利；如果住区更新的增益仅由少数人分享，整个过程中没有实现多数人得其应得的东西，反而变成少数人对一部分人的空间权益的剥夺，连“最少受惠者”的基本权利都无法保证，甚至将“有产者”（居住产权）变成了无产者，那么它就是不正义的。基于此，我们必须要研究如何寻求空间的正义，或者换句话说，如何让既有的住区空间生产走向空间正义？本节将以建立空间正

1 F.L. Wu. Urban Restructuring in China's Market Economy：towards a Framework for Analysis International Journal of Urban and Regional Research.2003，(21)：p.1337.

2 胡大平．为什么以及如何通过空间来探寻希望 [J]. 中国图书评论，2007（5)：82-86.

义价值观作为基础，寻找对现有住区更新方式可能的替代方案。

8.2.1　正义的价值论

不同时期正义内涵的变化　　表8-1

时间	学者	正义内涵	主要特征
古希腊古罗马	柏拉图	以社会政治和奴隶制为目的和基础的正义表达	追求等级制度与社会秩序的理想化
	亚里士多德	比例平等是正义的普遍形式	
中世纪	圣·奥古斯	不存在真正的正义，它只有上帝那里才存在	对神旨的绝对顺从
	托马斯阿奎那	服从上帝就是正义	
启蒙运动时期	休谟	强调公共福利是正义的基础	消灭等级特权，建立并维持民主政治与市场体制
	霍布斯	正义就是遵守契约	
	爱尔维修	正义就是法律，功利主义的正义观	
	康德	正义是人类自由意志的表达	
近现代	马克思	正义更应该协调的是人与人的关系	解决人与社会发展中存在的政治、经济、文化问题，实现人的平等、尊严以及多方面的权利、价值
	罗尔斯	分配体制中应遵循自由平等和差异对待	
	诺齐克	正义应该是尊重人权基础上的程序正义	

1. 正义作为一种社会价值观

正义（justice）来自古法语 juste（拉丁语 justum），有审判、法律的意思。柏拉图把正义理解为各个等级各守其位、各司其职。“依据等级的观念，一个正义的社会应该是对于秩序良好的人类灵魂的模仿（柏拉图）”。需要补充的是，“正义”与当前口号式宣扬的“公平与效率”、“社会公平”中的“公平、公正”是不同的概念。可以说公平（fairness）与公正（equity）是正义的具体要求；而正义则更为抽象，是社会价值观的确立，“正义相对于其他价值和善具有某种优先性，是‘诸价值的价值’……作为决策的程序独立于诸价值和主张之上。”这种无法驳倒的优先性，是公平和公正所不具备的。柏拉图曾论述：正义有大、小两种，大正义是整个城邦的正义，小正义是个人的正义。柏拉图提出了一种崭新的观点：大正义其实就是城邦国家体制赖以建立的伦理根据或原则，小正义则是个人的心灵美德与道德行为，两者又是相通相关的。前者属于城邦国家的体制伦理，后者是个人道德的范畴[1]。休谟对正义第一次进行了解释，他认为：正义是“应付人类的环境和需要所采取的人为措施或设计”。“平等或正义的规则完全依赖于人们所处的特殊状态和条件。它们的起源和存在的基础在于对它们的严格而一致的遵守对公众所产生的效用”。换句话说，正义是特定社会和自然环境的产物，只有在这种特定环境中，正义的出现才是可能的和必要的。

罗尔斯（1971）指出，正义的主题是社会的基本结构，这种结构被理解为“分配基本权利和义务，并决定由社会合作所产生的利益分配”。“所谓主要制度，我把它理解作政治结构以及主要的经济和社会安排……这些要素合为一体……规定了人们的权利和义务，影响着他们的生活背景，既他们可能希望达到的状态和成就。”正义原则就是为了调节这一结构。罗尔斯论证了社会正义的两个原则，第一个原则被称之为平等原则：“每个人对与其他人所拥有的最广泛的基本自由体系相容的类似自由体系都应有一种平等的权利”；第二个正义原则被称之为差别原则：“社会的和经济的不平等应这样安排，使它们：(1) 适合于最少受惠者的最大利益；(2) 依系于在机会公平平等的条件下职务和地位向所有人开放”。戴维·米勒认为正义的核心是制度正义，从这个角度说应该是程序的正义，而不保证结果的正义。他提出了四个程序的性质，分别是平等、准确、公开和尊严，同时指出程序正义应当高于结果正义的价值，社会制度应当遵循这些程序——这是实现社会正义一个重要的要求。我们似乎应当追求结果正义，但如果为了直接促使结果正义而歪曲程序正义，最终有可能发生无法预期的非正义后果。因此程序本身的性质可以使它凌驾于结果正义之上。色拉叙马霍斯则说：每一个统治者都制定对自己有利益的法律，平民政府制定民主法律，独裁政府制定独裁法律，依此类推。他们制定了法律就明确的告示大家：凡是对政府有利的对百姓就是正义的；谁不遵守，他就是犯罪。因此，在任何国家里，所谓正义就是符合当时政府的利益。

正义本是原引于哲学的概念，“正义有着一张普洛透斯似的脸（aproteanface），变幻无常，随时可呈不同形状并具有极不相同的面貌”。归纳上述概念，可以发现正义的概念具有几个基本特点：(1) 正义的价值不是固定不变的准则，而是具有显著的特殊性，即受特定的历史和现实纬度的影响。(2) 正义的前提是保证个

---

1 姚介厚．西方哲学史（学术版）（第二卷《古代希腊与罗马哲学》下册）[M]. 南京：江苏人民出版社，2005.

人的权利平等。(3) 正义并不是一个结果，而是为了实现正义所制定的法律、政策等制度性安排。(4) 正义是介于个人和集体利益之间的价值，从结果来看，是为了实现集体利益的公平分配，但是过程中却应该差别对待，保证有利于社会中最不利成员的最大利益。

2. 马克思与恩格斯对正义的批判

马克思、恩格斯并未明确讨论过社会正义，正如恩格斯指出，“用来量度正当与不正当的标尺并不是关于正当自身的极为抽象的表达，亦即正义不过是现有经济关系意识形态化的美妙措辞，它时而来自于它们保守的观点，时而产生于它们革命的倾向。在古希腊和古罗马人的正义观里，奴隶制是公正的；1789 年的资产阶级要求废除封建制度，因为根据他们的正义观，这是不公正的。因此，永恒公正的概念不仅随时间和空间的变化而变化，而且也随相关的人的变化而变化……”在原始社会中，由于生产力水平极其低下，社会关系非常简单，因此社会正义的意义在于满足最低限度的生存需要，这里的“正义”的含义是指社会对老幼的保护，以满足繁衍后代和进行社会经验传授的需要，表现在食物分配上对老幼的优先照顾和满足。封建社会中所追求的社会正义，是指作为封建主的剥削阶级在权力和利益的分配上进行的整体配置，目的是满足封建主阶级的统治需求，这里的“正义”的含义是指生产资料的占有者之间的具有血缘性质的继承，故其表现在宗族继嗣的血统继承。在自由资本主义社会，其所追求的社会正义是指机会均等、优胜劣汰，亦即分配正义意义上的社会正义。进入垄断资本主义以后，其社会正义是指对社会上的弱势群体提供基本生活的保障，表现为福利国家的兴起，亦即矫正意义上的社会正义。

综上，马克思主义认为不存在绝对的正义观和追求，正义具有强烈的相对性和特殊性。它受到历史的、经济的制约，并与人与人之间的关系有关。因此，正义的概念不仅随时间和空间的变化而变化，也随着相关的人的变化而变化。马克思主义最简洁有力的论点在于：资本主义的正义是维护资本主义生产，其法律和国家已经背离了其本应代表的社会整体利益，故本身就不存在正义；只有在高度发达的经济基础之上消灭一切非正义的社会现象，追求全人类的彻底解放，才能实现人类社会真正意义上的正义。现代社会正义的主流价值观是反对国家对个人生命、自由、私有财产的侵犯，主张依据法治的原则限制政府的权力，倡导自由的经济秩序。

8.2.2 新马克思主义的正义思想

1. 列斐伏尔的城市权利（The Right to the City）

列斐伏尔在20世纪60年代发表了一系列的为城市权利批判和抗争的著作[1]，其中无不传递着他对城市日常生活被权力化的抗争，并在此过程中寻求社会正义。他认为传统的城市权利是给公民一定的赋权，参与到资本对城市的决定过程中，但是这种正式的权利依附于国家公民的身份（在中国的城市中则依附于本地城市户口的身份）。与此相对，他关于城市的权利是建立在城市的居住者身份上，来源于城市空间中的日常生活和工作的一系列实践，是对日常生活的抗争。日常生活往往被当作城市生活的剩余物，是被城市中高级的、专业化的结构性活动挑剩下的"鸡零狗碎"。但是只有在日常的生活中，才能将人与人之间存在的社会关系，以及体现人存在的形态和方式展现出来[2]（刘怀玉，2012）。正是因为城市的日常生活被权力化，使列斐伏尔走向了为城市居住者争取城市权利的道路。

列斐伏尔强调，资本主义得以生存部分是由于它在全球空间经济和市场中可以结构和再结构空间关系。在《城市权利》（The Right to the City）中，列斐伏尔认为需要建立一个新的城市结构和空间关系来寻求正义、民主和公民权利的平等[3]（Wagner，2011），这使他走向了共产主义（事实上列斐伏尔是忠贞的马克思主义者，曾经加入共产党）。他的这种对社会关系、社会空间变化以及自由空间的建构和生产的思想，极大地影响了新左派和1968年5月法国的学生运动[4]。

（1）什么是城市的权利？——正义的目标

城市的权利是列斐伏尔在1968年给出的定义：城市的权利像是一种哭诉和一种要求（a cry and a demand），前者是对被剥夺的权利的哭诉，后者是对未来城市空间发展的一种要求[5]（列斐伏尔，1967）。城市的权利回归传统城市和对发展中心存在的呼唤的权利，是信息获得权利，是对综合服务的享用权，是使用者对城市地区的空间和时间活动的知情权，并且要涵盖对中心（城市）的使用权

---

1 主要是《城市的权利》，《空间与政治》、《城市革命》三本。

2 刘怀玉．论列斐伏尔对现代日常生活的瞬间想象与节奏分析 [N]. 西南大学学报（人文社会科学版），2012，38（3）：12-20.

3 Cynthia Wagner. Spatial justice and the city of Sao Paulo [D]. Leuphana University Luneburg，2011.

4 M. Gottdiener. A Marx for our time：Henri Lefebvre and the production of space [J]. Sociological Theory，1993，11（1）：129-134.

5 Peter Marcuse.City：analysis of urban trends，culture，theory，policy，action [J]. City，2009，13（2-3）：185-197.

利[1]（列斐伏尔，1968）。由此可知，列斐伏尔是通过对城市权利的争取来取得城市正义，这种正义的目标包括了群众和城市居住者对城市空间的建设、中心的使用等一系列城市空间的知情权、享用权、参与权。

（2）谁的权利？——正义的对象

对城市权利的要求来源于那些被排除在权利之外的人，“哭诉者”是那些被城市疏远的人，而要求是为了生活的物质需要，目标是为了获得更广泛的权利来让生活满意。这些被排除在外的人包括了边缘的人群以及工人阶级中低收入和低保障的人群，而不是精英阶层和资本家。现代城市权利往往是金融权力、政治权力、地产拥有者、媒体拥有者的，而往往忽视了由于生产对其造成的影响最大的“被排除人群”。因此，城市的权利更强调的是那些在城市的空间生产中被忽略的人的权利，需要去解决而不是扫除或者忽略不计、放任不管。

（3）如何实现？——走向正义的途径

通过实现城市的权利和差异的权利，来实现新型社会空间实践的合法性。城市的权利就是公民控制空间社会生产的权利，城市居民有权拒绝外在力量的单方控制。而差异的权利是反对资本空间生产的商品性，以及交换价值对城市空间同质化的替代，保持多样的权利诉求和对空间的使用诉求。列斐伏尔支持资本主义社会革命在1968年爆发的法国五月风暴，他确信爆发革命的地方是中心即城市，而不是边缘地带，他认为所谓的城市革命是对差异的空间生产要求。同时，他反对传统理性主义或者柏拉图式的哲学理想国对城市生活同质化的设计与控制，重建差异性的城市空间乌托邦，没有乌托邦就没有对可能性的探索，没有乌托邦意识就不会有思想。由此，城市权利的实现一是依靠民众的反抗：对不正义权力和生产的拒绝，对差异性空间的要求和对社会主义民主以及日常生活权利的重建；二是对乌托邦的美好想象，没有想象就不能逃离现实空间去寻求正义的空间。

哈维对列斐伏尔所述的“城市的权利”有过这样的评价：城市的权利远不是个人对城市资源的可获得性，而是一种权利——通过改变城市来改变自身。它更多的是一种普遍意义上的，因为这些变革都取决于依靠集体的力量来重塑城市化过程，“能够建造我们的城市和我们自己的自由，在这一点我要说明的是，这个自由是最宝贵的但也是人类权利中最容易被忽视的”[2]（哈维，2008）。

1　Stuart Elden. Understanding Henri Lefebrve [M]. Longdong and New York：Continuum，2004.

2　David Harvey. The Right to the City [J]. New Left Review，2008（53）：23–40.

2. 哈维的社会正义（Social Justice）

哈维所关注的正义是与地理空间和城市生活相关的中心（城市）和公共政策制定中的价值取向问题。哈维首先赞同了马克思主义的正义，正义是历史的产物并随时间不断变化的观点，但他也将后现代批判理论和地理空间维度融入了对正义的批判视角，认为在后罗尔斯的正义观中正义不仅仅单指社会经济的公平分配问题，也呈现出空间和城市生活的更广范围。在这一点上，他与列斐伏尔的城市权利和社会主义革命的日常生活性可谓殊途同归。

（1）资本积累与阶级斗争的批判视角

哈维在《资本的城市化》一书的开篇中就表明了自己的观点：城市过程包含的两个过程——资本积累与阶级斗争，因此在走向社会正义的道路上，他也采用了这两个观点加以阐释。资本通过“空间修复”（把过剩的资本通过空间转移国外或国内其他地区与之有异质性的空间，以谋求更大的发展）的策略来缓解资本过度积累的危机，凭借这一策略导致了空间生产的分散和分裂，由此对工人阶级力量的联合产生影响。资本这种积累方式瓦解了工人组织和联合起来的力量，甚至导致不同地区和民族的工人阶级相互为了生存和争取更多的空间资源而展开了激烈的斗争。因此哈维走向了改良主义，从马克思主义的角度提出了改良主义的社会正义原则：1）社会与政治组织以及生产与消费系统应该使对劳动力的剥削降低到最低程度；2）解放被边缘化所压迫的团体；3）授予被压迫者参与政治的权利以及自我表达的力量；4）消除城市规划方案与公共讨论中支配者的文化霸权；5）在不摧毁人民自我赋权的前提下，消除个人和组织的暴力；6）缓和任何社会规划对居民及未来后代在生态上的负面影响[1]。

（2）地理学视角：被区位论忽视的社会成本

哈维认为社会正义的考量未被纳入地理学的分析方法，原因是地理学家通常是以区位论作为区位问题的分析工具。在地理学传统的区位论中，通常以个人迁移不给他人造成损失的独立人为假设。可以说区位论是从效率的角度，即最小化地减少移动的累积成本角度出发，而这种模型并不考虑区位对收入分配造成的结果[2]。因此，地理学家就跟随经济学家陷入一种思维：对分配问题（社会成本）避

1 D. Harvey. Social justice, postmodernism, and the city.[J] International Journal of Urban and Regional Research, 1992（16）：588-601.

2 Harvey, D. Social Justice and the City.[M] London, Edward Arnold, 1973.

而不谈，由效率选择的区位来决定收入分配问题。而 Liebenstein（1966）提出了X- 效率（x-efficiency）理论，指出效率也包括人们在参与生产相互协作的社会过程中无形资本，通过一些反社会的行为（犯罪、违法、相互的冲突等行为）来造成与生产投资成本之间的联系，因此它也会造成生产效率的下降。长期来看，如果通过社会的公平分配来减少反社会行为产生的“非效率”性，所以倡导社会正义与效率也是殊途同归的。新自由主义经济政策是为有利可图的资本积累创造便利条件，即一切以利润为中心，创造一个好的“经济环境”进而使资本积累最优化，而不管它会对就业与社会生活带来什么后果。

这正成为哈维提出自己社会正义学说的基础，他认为一个地方的社会资源的地力分配，不但应该满足每个人的需要，而且额外的资源应该用来帮助那些由于自然和社会环境导致特殊财政困境的地区。因此，哈维将自己的社会正义定义为对“领地再分配式正义”的发展和创造，即社会资源以正义的方式实现公正的地理分配，不仅关注分配的结果，而且强调公正地理分配的过程。但是在实现公正分配的方式上，哈维从马克思主义的视角对之予以了批判，他认为资本主义城市本质就是产生不公正的机器，因此为了消除城市和地区的不正义与不公平必须进行结构和制度的变革。

（3）城市规划视角的社会正义

哈维在《社会正义与城市》中以是否要在巴尔的摩地区修建一条高速公路为例，围绕是否修建，在哪儿修建等这些问题，哈维所看到的是诸多相互竞争、彼此冲突的利益集团。交通工程师为效率展开争论——从 A 地到 B 地的人口流动必须尽可能地迅速；城市官员为潜在的经济增长大费口舌——更好的高速公路通道可以刺激巴尔的摩衰落的商业区的发展；少数族裔和贫困人口的支持者、环境保护主义者、促进邻居情谊的活跃分子、主张保持历史传统的人以及其他支持或者反对这条高速公路的人，则将观点建基于他们自己再分配的、环境保护的、社群主义的和传统保护的价值标准。社会正义应该是被看作解决在整个生产过程中的冲突的原则，所以在不同的时期有不同的意义和表达。社会正义是一种特定的应用程序公正原则来解决冲突，产生的对社会继续合作的必要性和寻求个人发展的方式。体现在城市规划领域，哈维对此进行了六个正义方面的要求：1）正义的规划和政策的实行必须直接面对这样的问题：创造关于生产和消费的社会政治组织系统的形式，无论在工作场所，还是在居住地，将对劳工力量的剥削减少到最低限度。2）正义的规划和政策的实行，必须面对非家长式统治模式（a nonpaternalistic mode）中的边缘化现象，寻求对边缘化政治予以组织并在其中发生影响的方式，将被奴役群体从这种独特的压迫形式中解放出来。3）正义的规划和政策的实行，必须赋予而不是剥夺被压迫者进入政治权力的机会及进行自我表达的能力。4）正义的规划和政策的实行，必须对文化帝国主义的问题保持特殊的敏感，无论对于城市工程的设计，还是大众磋商的模式，都要通过种种方法，寻求对帝国主义倾向的摒弃。5）正义的规划和政策的实行，必须找到社会控制的非排他性和非军事化的形式，抑制日渐增强的个人和体制化的暴力，但并不破坏给被压迫者赋权（empowerment）的能力和被压迫者自我表达的能力。6）正义的规划和政策的实行，要清楚地认识所有社会工程必然的生态后果，这些既影响远处的人们，又影响未来的子孙，因此要采取措施来确保合理地减轻这些负面效应[1]（哈维，2006）。

（4）没有普遍不变的社会正义

哈维得出结论：没有普遍不变的正义，正义随时间、空间以及个人的变化而变化。哈维也曾经试图用社会正义将判断正义的准则从各种“利益组合”中拯救出来，但是“研究的结果实在是令人沮丧的：有多少种相互竞争的社会合理性的理想，就有多少种相互竞争的社会正义的理论，而每一种社会合理性的理想都既有优点又有缺陷……”[2]，因此哈维所说的社会正义并不是包含了所有的我们所期望的美好社会愿景，他指出正义是有限的。但是可以从两个方面来理解社会正义：一是从语言方面，正义的概念如何嵌入语言之中？正义没有普遍的意义，仅仅有一个由诸多意义（多种人对正义的表达、多重意思的正义的理解）构成的作为整体的“家族”；二是承认关于正义的话语的相对性，但坚持“话语”是社会权力的表达。但是哈维认为在此情形中，正义的观念就必定是某种霸权话语（hegemonic discourses）的构造物，而这种话语来自于统治阶级所操控的权力，因此哈维宁愿接受第一个立场。

3. 索亚的空间正义（Spatial Justice）

洛杉矶学派的索亚接受了哈维提出的“领域正义”这一概念，并在 2010 年提出了“空间正义”（spatial justice）的名词，在《寻找空间的正义》一书中，索

---

1 哈维，2006. http：//ows.cul-studies.com/Article/Print.asp?ArticleID=3881

2 大卫·哈维．正义、自然和差异地理学 [M]. 胡大平译．上海：上海人民出版社，2010.

亚认为地理学的空间正义始于 1968 年，从“领域正义”的创始人会规划师戴维斯（Bleddyn Davies）那里延续而来。戴维斯将地域单元根据不同的社会需求进行划分，而不是根据人口规模，提出规划应该满足领域正义的要求[1]。在此基础上，索亚进一步提出了空间正义（spatial justice）所包含的内容：一种“正被日渐空间化了的一些概念，这些概念包括了社会正义、参与式民主以及市民权利与责任[2]”，而它们目前关切的重点，乃是因为区域与城市不均等发展而在性别、阶级与种族上所产生的结构性与系统性的不平等。索亚说到，传统对于空间性的探讨仅仅在地理、建筑、城市与区域规划和城市社会学的领域，虽然现在已经深入到了文化、法律、社会福利制度研究的方面，但是这些从空间视角的应用都太浅显，着重在空间的物质状态，具体的特征、图示化等内容，可以说是关于“空间中的东西”的描述[3]。索亚在思考这些空间转向（spatial turn），如何从批判的视角将空间、社会和历史维度进行重新平衡的空间意识。因此，在索亚所强调的空间正义中具有三元辩证性：即正义的社会性、历史性和空间性，并不存在绝对的正义空间或者空间正义，那样的空间只能是乌托邦。在这一点上，索亚继承了哈维的思想，其所理解的空间正义和哈维所理解的社会正义并没有本质的不同，都是社会空间的正义，关键是辩证唯物主义的观点来实现空间正义，不断修正既有的空间不正义才是寻求空间正义的所在。

索亚总结了当代关于“正义”的文献有两个思路：一个目标在于刑罚和法律由权力阶层所定义；另一个的目标则更为广泛的在于社会正义和人的权利，在这一点上“空间正义”应该定义为：是一个地理和资源、服务获得公平地分配以及空间可接近性的基本人权。索亚指出，空间正义并不是任何空间形态或模式的替代方式和替代品，而是提出对不正义的空间的一种解释方式，提供一种对（不）正义的空间性（spatiality）进行深入批判的视角。在运用空间正义批判性视角要强调三点：一是强调更加平衡、辩证的社会和空间的因果关系；二是起始于领域（territory 领域是指邻里、社区、城市、郊区、区域、国家以及全球层面），正义应该通过对社会福利和不平衡的地理分布进行自由表达，对不正义的城市发展进行批判来表达；三是脱胎于列斐伏尔对于城市权力的思想，索亚以 1996 年洛杉

1　Davies，B.P. Social Needs and Resources in Local Services：A Study of Variations in Provision of Social Services between Local Authority Areas[M]. London：Joseph Rowntree，1968.

2　Edward W. Soja. Seeking Spatial Justice [M]. Minnesota ：The University of Minnesota press，2010.

3　陈忠 . 空间辩证法、空间正义与集体行动的逻辑 [J]. 哲学动态，2010（6）：40-46.

矶巴士乘坐者联盟（Bus Riders Union）对城市交通当局的对抗胜利为例，讲述了为弱势阶层获得空间正义的行动[1]。对集体行动的倡导，是索亚认为实现空间正义的方式。

8.2.3 空间正义理论小结

直到1970年代，北美与西欧的城市更新过程中暴露出各种性别、阶级与族群的矛盾，它们均涉及空间与社会资源的分配问题，组成城市空间正义实践的基础[2]。而无论是领域正义，还是列斐伏尔的城市的权利或者是社会正义、空间正义，都表达了对弱势群体、被排除在中心之外的群体权利的争取，以及对当前权力、资本统治下的城市空间的激进批判。在国内，任平（2006）指出，当代中国城市化进程中存在大量空间非正义现象，比如："六失"现象成为空间权利被剥夺的典型——所谓"六失"，指农民"失地"、市民"失业"、公民"失保"、儿童"失学"、居民"失居所"、游民"失身份"等。在此基础上，任平提出了空间正义的概念："所谓空间正义，就是存在于空间生产和空间资源配置领域中的公民空间权益方面的社会公平和公正，它包括对空间资源和空间产品的生产、占有、利用、交换、消费的正义[3]"。这个观点得到了国内一些学者的认可。并因此提出符合空间正义原则的城市化[4]（钱振明，2007）、空间正义的集体行动[5]（陈忠，2010）等观点。

8.2.4 对空间正义的实践探索

从城市诞生之始，人们就在不断地探索城市的空间正义。本书根据时间发展顺序总结出以下四种空间正义的实践，也就是从朴素主义—理想主义—改革主义—时空辩证的总体发展历程。

1."理想国"的城邦——几何均质的朴素空间正义

公元前431年开始的伯罗奔尼撒战争结束了雅典在古希腊城邦的绝对统治，

1 洛杉矶巴士乘坐者联盟是一个基层的倡导组织，在对城市大都市交通运输系统法律的制定中，它们通过正义的运动使得这项法律不再是为更好地服务富裕人口，而是更好地服务于城市的最贫困居民。

2 Nicholas Brown，Ryan Griffis. What Makes Justice Spatial? What Makes Spaces Just? Three Interviews on the Concept of Spatial Justice[J].Critical Spatial Practice Reading Group，2007：7-30.

3 任平．空间的正义——当代中国可持续城市化的基本走向 [J]. 城市发展研究，2006，13（5）：1-4.

4 钱振明．走向空间正义：让城市化的增益惠及所有人 [J]. 江海学刊，2007（2）：40-43.

5 陈忠．空间辩证法、空间正义与集体行动的逻辑 [J]. 哲学动态，2010（6）：40-46.

造成全希腊的政治秩序、精神生活与道德价值陷入极大的混乱与危机，整个希腊城邦制度走向衰落。柏拉图的《理想国》正诞生于此时。他认为希腊城邦文明危象的根由在于城邦制度的危机，“所有现存的城邦无一例外都治理得不好[1]”，于是思考从根本上“如何改革整个制度”，并构筑了基于“正义”价值基础的理想城邦。《理想国》的终极目标就是要建立一个正义、统一、团结、和谐的社会，是对现实城邦的纷争、风气败坏、动荡不安的社会现实的批判。

《理想国》一书原名“Politeia”（政体），这个建立在绝对的理性和强制秩序上的理想国家就是正义城邦，城邦的正义是理想国家的基本前提和必要条件。所谓城邦的正义，认为正义应该是城邦正义与个人正义的相互匹配。城邦是由一个个具体的人组成，城邦的正义归根结底是通过个人正义而体现出来。从个人的角度来说，通过劳动分工和社会角色的分类来中正城市秩序，城邦的三个等级（统治者、护卫者和农夫、工匠）各安其位、各尽其职[2]，即社会只要统治者能够按照最高的理性去行事，就是在推行社会的“正义”；只要护卫者能够勇敢忠诚，竭尽全力捍卫国家的威严和秩序，就是在实施社会的“正义”；只要劳动者能够辛勤劳作，为统治者和卫士服务，就是在遵守社会的“正义”。这种学说体现了典型的奴隶制度下对正义的定义。

而就理想国的城市空间而言，柏拉图提出理想的城邦应该有5040名公民，因为城邦人数过多“就难以制定秩序”。同时柏拉图将正义观引申到城邦空间正义上，城邦等级制自身的美德也是空间正义，这种正义按几何学方法是符合比例的——柏拉图的理想城邦等级制的构想体现了他按几何学对城邦的空间结构的表达，这种对结构的安排遵循的是一种比例关系，比例是几何学的特征。几何学因为其均质性，故最能够体现空间的正义，几何学结构就构成了建立理想城邦的理论根据[3]。柏拉图在其学院大门上写着“不懂几何学者莫进来”的字样[4]，足以见得几何学对于柏拉图构建正义的重要性。

2. 乌托邦——追求与现实割裂的理想正义空间

乌托邦的本质是“不在场”（non-presence），这表明它既不存在于空间里的

1　徐大同 . 西方政治思想史 [M]. 天津：天津教育出版社，2001.

2　（古希腊）柏拉图 . 理想国 [M]. 郭斌和，张竹明译 . 北京：商务印书馆，1996.

3　马俊峰，柏拉图的正义观 .[N] 泰山学院学报，2007，9（5）：60-62.

4　张京祥 . 西方城市规划史纲 [M]. 南京：东南大学出版社，2005.

某一点，也不存在于时间内的某一瞬间。“不在场”并不意味着乌托邦就是纯粹的幻想，而是不同于现实的另一种意义上的真实。哈贝马斯在谈到乌托邦与幻想之间的区别时指出：“决不能把乌托邦与幻想等同起来。幻想建立在无根据的想象之上，是永远无法实现的；而乌托邦则蕴含着希望，体现了对一个与现实完全不同的未来的向往，为开辟未来提供了精神动力。乌托邦的核心精神是批判，批判经验现实中不合理、反理性的东西，并提供一种可供选择的方案[1]。”

自 18 世纪下半叶工业革命以来，英国成为世界上第一个城市化国家，然而这一切是以对贫困人群和大自然的剥夺为代价的。贵族、地主为养羊发财而发动的“圈地运动”，使大批农民失去土地，手工业者纷纷破产。统治者不但不设法去解决这些问题，反而制定一系列所谓立法，运用更加暴力的手段迫使生产者和生产资料分离，实现资本原始积累过程，这段历史“是用血和火的文字载入人类编年史的”。这正是空想社会主义产生的时代，苦难的社会现实激发了思想家的乌托邦理想。莫尔的《乌托邦》、康帕内拉的《太阳城》都描绘了远在天边海岛的理想社会图景，批判了资本主义剥削的残酷，表达了对消灭阶级和人人平等的正义追求

欧文更是将设想的“新协和村”付诸实践，1824 年他在美国印第安纳州建立了第一个协和新村，从社会制度上实现财产共有、按劳分配，人们按照不同年龄和特长被安排适当劳动；坚持人的民主、自由与平等；设立自己独立的经济体系等。从规模上看，“协和新村”人数在 1000 ～ 2000 左右，其规划的城市单元被称之为“方形村”，占地区 60.7 ～ 91.1hm^2 左右，城市从中央到外围呈现公共设施—住宅—菜园区—工厂区—农村构成的环带状格局。恩格斯对此评价道：“他从技术上规定了各种细节，附上了平面图、正面图和鸟瞰图，而这一切都做得非常内行，以致他的改造方法一旦被采纳，则各种细节的安排甚至从专家的眼光看来很少有什么可以反对的”。但是我们也应看到，由于现代经济运动是日益扩大的专业化分工、大规模的商品生产、广泛深入的商品交换，欧文却是试图在排除商品交换的基础上建立一个传统的封闭型的社区共同体，实现社区内的自给自足。显然在市场经济的世界中，这样一个封闭型的社会注定不可能实现自给自足。因此，乌托邦对空间正义的追求最终失败不是在城市规划技术上，而是在社会改造方面。但是哈维却看到了它积极的一面——这种抛弃资本主义制度、建立自我体

1 哈贝马斯，米夏埃尔·哈勒．作为未来的过去 [M]. 章国锋译．杭州：浙江人民出版社，2001.

系的空间正义实践虽以失败告终，但其把城市作为一个社会经济实体，把空间实践与社会制度改在联系起来的思路，无疑将对寻找乌托邦和追求空间正义的道路具有重大的意义。因此，哈维提出“如果人们放弃了这种乌托邦的机遇，也就放弃了辩证乌托邦机遇[1]”（哈维，2001）。

3. 田园城市——空间与社会改革融合的绝对正义

工业革命后期，大量的劳动力涌入城市社区，使城市人口与用地规模急剧膨胀，住宅需求问题日益突出，城市的居住生活环境不断恶化，居民生活质量两极分化导致了社会矛盾日益尖锐。一方面，当时支配社会的主流是中产阶级，他们信奉以大卫·李嘉图为代表的“自由放任”经济政策，受个人主义、物质主义的影响，开辟了工业和贸易的繁荣局面；另一方面，英国社会中大量存在的贫困、犯罪，与此同时环境污染、自然生态环境的破坏，都已经令社会制度和发展方式的改革迫在眉睫。霍华德在《明日的田园城市》一书中，首先旗帜鲜明地提出了土地开发的公有权是田园城市建立的关键，并论证了田园城市在政治、社会、经济方面的可行性，其主要目的是为了触及对社会制度的变革。

在社会变革方面，霍华德既反对个人主义无序的发展，又反对社会主义“过分渴望占有旧的财富形式”的革命手段，他的折中路线成为在既有体制下通向和平改革的出路。在霍华德的社会变革中，主要有几个方面的内容：(1) 行政管理以中央议会—各市政组织—半、准、私营市政组织为结构。(2) 消除私人地产地租的方式，他主张“这块土地在法律上列在4位德高望重的人士的名下，委托他们代管。首先对于债券持有人来说，他们是保证人；其次对于拟在该地建设的田园城市的居民来说，他们是托管人。(3) 反对竞争，主张“官商一体[2]”。

霍华德在1903年还亲自实践，兴建了第一座田园城市里齐沃斯，1919年建设了第二座田园城市威尔文，实践了他有关田园城市的理想空间形态，但是受制于当时的政治经济制度，其有关社会改造制度的设想却并未付诸实施。在形态空间上，田园城市更多是从城乡空间关系正义的角度出发实现了区域的功能平衡，以致到最后田园城市模式偏离了霍华德最初的社会改革思想，反而以城乡关系、城市内部功能结构等成为田园城市着重体现的空间正义方面。

1　哈维．希望的空间 [M] 胡大平译．南京：南京大学出版社，2005.

2　埃比尼泽·霍华德．明日的田园城市 [M]. 金经元译．北京：商务印书馆，2000.

4. 哈维的希望空间——时空统一的辩证乌托邦

列斐伏尔指出任何社会都有自身生产的空间，因此任何一种乌托邦规划都必须通过空间来落实，在对乌托邦的想象中蕴含了寻求正义空间和希望空间的机遇。哈维区分了三类乌托邦——空间形态的乌托邦，社会过程乌托邦和辩证乌托邦。在前人追寻正义的过程中，存在了过程乌托邦、空间形式乌托邦两种类型。哈维列举了以城市模型为代表的空间乌托邦形态，诸如罗伯特·欧文的新协和村、傅里叶的理想城市、爱德华·查姆布莱斯的公路城镇、柯布西耶的理想城市梦想等，因此在乌托邦历史上很长一段时间都是空间乌托邦占优势地位。这种乌托邦的典型特点是用空间压制时间，使人们轻易地顺从和服从于统治秩序。而黑格尔和马克思都只是提供了特殊样式的时间过程而没有提供最终的空间形式，在这个过程中，起主导作用和作为决定力量的是时间而不是空间，因而他们都应归为社会过程乌托邦之列。在哈维看来，这两种乌托邦都存在着自身难以克服的局限，因为它们各执一端，要么强调时间，要么强调空间。典型的“非此即彼”的形而上学方法（这也正是索亚所批判的，同时提出“第三空间”），这种极端形式的乌托邦终究难以适应社会现实，因而乌托邦总是限于空想。而如果拒绝了乌托邦，那么就会抑制了社会想象的自由运用，从而不利于寻找新的社会替代方案。因此，现实生活中不能没有乌托邦，“乌托邦宣示着现实政治生活的合法性危机，它往往是人们对不正义的政治现实的反叛、逃避或超越”。

哈维在寻找辩证乌托邦的思路从建筑师与蜜蜂的对比开始。最差的建筑师与最好的蜜蜂的区别在于，建筑师在区分具体情况之前仅仅用想象来制造构筑物，建筑师的活动远远脱离了人类生存和生活的本质，而构建空想的游戏性“乌托邦”。如英国多塞特的庞德伯瑞和美国马里兰州肯特兰兹的商业化生活区，都体现了“怀旧心理”的“乌托邦”。这些“乌托邦”都脱离了城市的污浊与黑暗，试图寻找生命的“世外桃源”。但是，这种生活并不属于所有的人，寻找“乌托邦”的人依然生活在“非乌托邦”的世界，使得这些“世外桃源”成为“异托邦”，同时产业工人阶级的现实状况依然糟糕，而这之中存在着“辩证乌托邦”的机遇。

因此，哈维的“希望空间”强调的是乌托邦理想（Utopianism）而不只是乌托邦（Utopia），因为前者是一种动态过程，后者是一种绝对的固定时空构造。哈维指出，建立时空辩证乌托邦的任务就是确定一个替代方案，而不在于描述某个静态的空间形式甚或某个完美的解放进程。哈维认为，人不会停留在历史的任何一个固定点上而将历史的片断永恒化，也不会完全满足于任何一个时代的既定现实状况，每个替代方案揭示了人类不平衡地理发展的轨迹。他具体提出了实现辩证乌托邦的重点：(1) 他坚持“社区实践”为核心的反叛集体政治学。当代资本主义进入了弹性积累时代，这决定了实现社会革命和变革的中心不再是以前的工厂，而是新型的一个个社区。而社区则是政治行动的基础和组织的重要力量，因此必须把社区的重塑和激进的反叛政治学相联系。(2) 做反叛的建筑师。激发人们对未来的希望，使人们具有变革现实的冲动和渴望，做资本主义制度内部的破坏分子和第五纵队成员。为此，反叛建筑师必须追求一种以“社区实践”为核心的反叛集体政治学。(3) 利用传统乌托邦批判的社会资源及乐观主义的精神。乐观主义（以及进步主义）态度，不仅是乌托邦给我们提供的财富，而且是任何一个社会朝向更加公正、平等和美好的必要的历史态度。

8.3　空间正义之于当代中国城市住区更新

8.3.1　空间正义之于城市住区更新

“如果没有同时发生的意识空间的改革，那么任何社会改革都不可能取得成功”(列斐伏尔)。因此，社会正义作为一种价值观念，从上一节对空间正义的思想溯源，提出本研究所指的空间正义是中国城市建设和空间发展过程中应当遵循的价值观，它应该成为引导住区更新一系列过程的基本原则；它也作为一种空间发展的目标，是多数人应该共享的空间利益。如果空间的各种资源能够按照使每个人都受益并保证最小受惠者的最大利益的原则进行分配，那就是正义的。因此从静态的角度看，空间正义就是存在于空间生产和空间资源配置领域中的公民空间权益方面的社会公平和公正，它既包括对空间资源和空间产品的生产、占有、利用、交换、消费的正义，也包括在地域上实现社会合理的需求，如就业机会、良好的环境、公共空间准入等等。从动态的角度看，空间正义不是一个空间的终结状态，而是一个不断修正的正义的空间发展实施方式，而这个方式是通过各类空间政策和空间方案来实现的。

具体而言，“空间正义”之于中国城市住区更新，主要体现在以下几个方面：

(1) 没有绝对正义的住区更新。正义具有历史、时间、社会维度，对于当下的住区更新问题进行批判性的修正，但是会随着城市的不断发展出现新的不正义问题，所以要不断地进行理论批判和实践修正。

（2）对受住区更新影响最大的居民的权利作为首要考量，使之成为更大程度上考虑弱者的权利，保证其权利和资源的可获得、可享用。具体说来就是：

1）能够有决定自己住区更新与否的权利，而不是临时被告知，能够有选择自己的居住空间更新的自由，而不是妥协与被迫；

2）更新后有可供选择的居住地点的权利，而不是被迫安置在边缘；

3）有被协助进行日常生活空间重建的权利（就业、就学、就医和日常生活等），而不是被抛弃不顾；

4）依然保有对更新后的空间成果享用权利，而不是被排斥；

5）对更新中产生的利益和利润进行分享，而不是利益和利润的被剥夺，但这种分享可能不是直接的，而是通过多种形式，但是应该以保证在住区更新中受益最小的人的最大利益为原则。

（3）将住区更新作为实现空间正义的一种方式和过程而不是一个结果，因此与住区更新相关的一系列空间关系都应该列入被批判和改变的对象，如规划的参与与决策的民主性和公众性、权力和资本的制衡与监督制度、法律或条例准则本身是否是正义的（如对拆迁条例的修改），甚至制定法律或条例的过程是否是正义的，等等。

8.3.2 住区更新的空间正义如何实现

基于以上论述，城市住区更新的空间正义该如何实现？在保有对空间乌托邦式想象（空间正义的蓝图）的同时，寻找当前更新的替代方案，是本研究将要遵循的构建住区更新空间正义的原则。而如何实现对当前问题解决的方法，让我们还是从新马克思主义的空间生产中找到理论出口。

1. 构建一个新的住区空间——乌托邦的想象

既然任何社会都要生产出属于自身的空间，那么社会主义也必然落实到社会主义的空间生产和规划上面。正如列斐伏尔所言，未创造出新空间的革命就没有完全发挥其潜能，在事实上它就是失败的，因为并没有改变生活本身（列斐伏尔，1967）。社会主义城市革命的任务在于恢复空间的使用价值以及广泛的城市空间正义，因此空间正义这一社会过程的追求也要落实到空间政策和空间的建构中去。

对于已经建立了社会主义制度的中国，国家、政权和市场经济等已经通过革命或变革建立起来，但这些都是宏观要素，微观层次即日常生活的变革依旧在亦趋亦步的道路上“摸着石头过河”。城市住区作为承载日常生活的重要空间，在更新时所表现出来的强烈冲突和变革倾向正是推动其前进的动力——通过住区更新实现了各类人对居住的需求，满足了差异性的居住空间需要，并使各类人、各类文化不会彼此替代或排斥隔离，而是和谐地共存共处——将是对住区更新最终正义的空间蓝图想象。

2. 从城市权利到城市社会运动

如果空间作为一个整体已经成为生产关系再生产的所在地，那么它也已经成了巨大对抗的场所[1]（列斐伏尔，1976）。因此，列斐伏尔提倡以主观的革命道路来变革现存的生活方式、日常生活中的价值观念和思想意识。Castells 也在《城市和草根——城市社会运动的跨文化理论》一书中认为：“由于社会的统治利益已经制度化并且拒绝变迁，所以在城市角色、城市意义、城市结构等方面发生的变化主要来自于民众的要求和民众运动，当这些运动导致城市结构变迁时，我们将之称为城市社会运动”。他们均倡导运用主观的社会运动来改造空间，本书倾向于运用 Castells 的城市社会运动来取代城市革命的说法，因为国家的社会主义制度已经通过革命建立。

列斐弗尔在 1970 年的《城市革命》中就曾着重谈过革命的问题：“当我们使用城市革命一词时，我们是指贯穿整个当代社会的转型，这些转型带来了从一个经济增长和工业化占主导的时期到一个城市问题占决定意义的时期的变化，在这个时期探讨适合于城市社会的方案和形式应该居于优先地位”[1]。在列斐弗尔看来，城市革命极其重要而且十分迫切，列斐伏尔认为最低限度的革命应当是使对抗的社会关系更协调，缓和或者消除某些矛盾以使社会更好地运行；而最高限度的革命是民族、国家、制度、劳动和人的个性同时或者相继消失。

列斐伏尔以争取城市市民权利作为城市革命的突破口，主张将城市权利问题纳入规划和政治规划。“进入都市的权利所指的不是一项自然的权利……它指的是城市居民的权利”，他指出当今时代已经从城市步入“城市社会”，社会已经完全城市化了，因此权利争取和革命不可避免地集中于城市，以实现对空间的集体占有和管理，恢复空间的使用价值属性。但是，所谓“革命”并不是马克思意义上的工人阶级革命，而是一种策略——“探索城市问题的解决方案，它本身不指

1　Henri Lefebvre. The Survival of Capitalism[M]. London：Allison & Busby Press，1976：85.

暴力行动，但也不排斥它们”。

因此，对城市住区更新权利以及住区空间权利的争取，既包括有居民联合起来通过社会运动方式表达正义的诉求，也包括由进步人士联合的通过策略探索住区更新问题的解决，从而恢复对住区空间使用价值的关注，对弱势阶层空间权利的维护，对差异空间需求的满足和对日常生活空间体验的重视。而上述的转变应当通过相关利益者的参与来实现，复兴因当代住区更新造成的日常生活的不正义和住区更新本身实践的不正义，在社会主义的中国更重要的是对当前问题替代空间方案的寻求。

台北——无壳蜗牛运动

中国台湾在1980年代由于住房供应的过度市场化对公共住房投资极少，其减少直接兴建住房，并以大量的利息补贴鼓励住房私有化，造成房地产炒作、房价飙升，出现住宅质量不良等问题。而新建的公共住房又主要是针对广大的军公教阶级，即国民党政权的核心群众，以致在1989年出现由台北市民、学者和学生组成了“无住房团结组织”发起了争取住房运动。他们要求政府以政策干预住房市场，并号召2万人夜宿地价最高的忠孝东路进行抗议。针对“无壳蜗牛运动”，虽然台当局决定推出平价住宅，降低保险业投资不动产比例以抑制投机等，但终因力度太弱而收效甚微，没有最终改变政府的住房政策，但是也有其积极的一面：

(1) 这一运动形成了两个固定的参与住房运动的NGO组织——都市改革组织、崔妈妈基金会。前者持续地参与和监督城市政策的制定，并提倡小区的参与式规划、历史文化保护和组织市民运动等；后者则为租户提供免费信息以对抗中介的垄断和牟利性，并通过参与管理条例的制定等展开争取住房工作。

(2) 形成了固定的住房组织参与机制。面对每一次住房危机，两个NGO组织都作为组织参与者协助利益受损居民与政府博弈，展开争取住房的社会运动，

图8-2　台北无壳蜗牛运动

并共同推动住房政策的形成。两个 NGO 组织与政府住房政策与社会福利发展等议题相联系，联合其他团体成立“社会住宅推动联盟”，共同推动社会住房政策。

纽约——进步者推动的住房政策改革

美国在 1890 ~ 1920 年的 30 年间，由于外国移民、美国西部开发和工业化等导致大量移民涌入美国成为低收入工人，他们主要租住在城市的廉价出租房内，而发达的城市如纽约、芝加哥等，由于地价和房价高昂导致工人的居住条件奇差。不少房主为了获取更多的房租将一套房子分为若干的小型空间分开出租，租赁者不仅要忍受各种拥挤恶劣的居住条件，而且没有任何隐私和私密空间。但是与此同时，美国住房建设却在大规模地增加，但增加的成果被富人所享用，造成了当时住房格局分化严重。

先是著名的社会活动家 Jacob A. Riis 作为一名记者通过镜头和照片，记录并揭露了城市贫困和无家可归的住房情况，出版了《另一半人如何居住》一书，使移民和低收入群体的住房问题得到社会的极大关注。紧接着，进步主义人士 Lawrence Veiller 发起了轰轰烈烈的住房运动，他首先组织了贫民住房的展览，展示了城市的疾病分布与贫困分布相关的图片，揭示工人阶级恶劣的住宿条件引起的严重的疾病等后果。时任纽约州州长的罗斯福参观了展览，并于次年成立了州经济住房委员会以推动纽约州的住房制度改革。1910 年，在 Veiller 的组织和推动下成立了全国的住房 NGO 协会，推动并影响美国城市的住房政策形成与改革。

图 8-3　五角钱的住宿，Bayard 街——Jacob Riis，1889

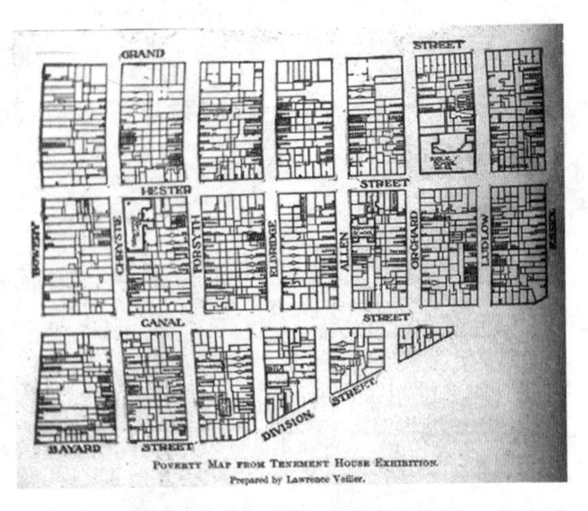

图 8-4 贫困地图——Lawrence Veiller，1903

图片来源：http：//historymatters.gmu.edu

北京——北大五名学者的建言

由于中国快速扩张的城市建设，导致住区更新规模的日益扩大。依据2001年的《城市房屋拆迁管理条例》，对于不拆和抗拆者，政府有权力进行强制拆迁，但是这与《宪法》、《物权法》、《房地产管理法》等保护公民房屋及其他不动产的法律条例相违背，由此造成了大量的社会冲突。2009年12月，北大法学院5名学者向全国人大常委会递交了《关于对〈城市房屋拆迁管理条例〉进行审查的建议》，建议立法机关对《城市房屋拆迁管理条例》进行审查，撤销这一条例或由全国人大专门委员会向国务院提出书面审查意见，建议国务院对《拆迁条例》进行修改。与此同时，他们联合了多家媒体对此事件进行了报道，此次事件引起了强烈的社会反映，当月就获得了中央政府的回应。国务院法制办邀请五名建言学者研讨拆迁条例，并迅速启动了立法调研。经过一年多的反复酝酿与调整，其间两次公布征求意见稿向社会各界广泛征求意见，最终于2011年1月19日国务院第141次常务会议上通过了《国有土地上房屋征收与补偿条例》，并在新条例中对原有的条例施行了一系列的改进：

(1) 由“拆”改“搬”，取消行政强拆。

(2) 细化了“公共利益”的范畴。拆迁必须是因为公共利益，而原先规定中的“公共利益”由于范围不明而被滥用。新条例界定了六种属于公共利益的行为：国防和外交的需要，由政府组织实施的基础设施建设和公共事业发展的需要，保障性住房工程建设的需要，旧城区改建的需要以及法律行政法规规定的其他公共利益需要。

(3) 扩大公众参与范围与程度。需经过90%以上的被征收人同意，才可以实施危旧房改造。补偿方案应当征得2/3以上被征收人的同意、补偿协议签约率达到2/3以上，方可生效。

(4) 禁止毛地出让，采取净地出让政策，并界定征收主体为政府。由此防止由于建设单位由于盈利目的而导致的征收和补偿问题。

虽然最终依旧将房屋征收的决策权划归地方政府，被征收人只能对补偿提出异议，并没有完全实现最初由居民决定的目标，但是在学者、媒体和民众还是在这次共同运动中取得了推动拆迁条例修改完善的重要进步。

8.3.3 中国住区更新的路径选择：渐进的改革

不同于苏联和东欧运用休克疗法进行的激进式转轨，中国从计划经济体制向市场经济体制转型的过程基本上是一条渐进改革的道路,即有一个基本的目标(即社会主义市场经济体制)，但是朝这个目标演进的路径则是弹性的，是根据国内一定时期的主要发展矛盾对比而有选择、有取舍地推进的。转型期中国城市住区更新的矛盾，是转型阶段经济政治和社会领域的结构性矛盾在空间生产领域的投影，因此其治理过程根本上依赖于国家体制转型的深入发展，这在某种程度上决定了中国城市住区更新的治理是一个渐进的过程。

转型期中国城市住区再开发中涌现的矛盾和问题是全方位的,采取头痛医头、脚痛医脚的方式治理复杂的病症往往不得要领，甚至反而会加深矛盾。而城市住区更新中将政府界定为产权交易的主体，这是对市场机制的违背，具有自身利益的政府一定会在严格的经济决策（成本—收益决策）下压缩成本以扩大住区空间更新的盈利空间，相比于企业、个人等市场行为主体，政府拥有政策的制定权和执行权，掌握有一般市场主体不拥有的全方位信息，因此在经济活动中具有天然的垄断性,试图将政府与原住民界定为平等的市场交易主体的立法注定是失败的。这种治理策略可能还会加深官民矛盾，加剧地方政府的合法性危机。依此看来，理性的治理对策应该拒绝片面的做法，从现象入手，依据矛盾和问题的内在机制，寻找系统的治理之道。

从根本上看，处于治理转型期的中国城市住区更新中存在的问题是一项系统的工程，鉴于中国体制转型的渐进路径特征，其治理过程也应当是一个渐进的过程——治理的最终目标是明确的，即构实现多方利益的公平共享，但是治理过程遵循的路径并不是确定的，而是渐进的，在整体权力和利益格局未做根本性调整的情况下，不可能寄希望于一个法规或一项政策的调整而达到根本治理的目的。因此，本研究倾向于对相关政策和制度的不断调整完善。

8.4　重构城市住区更新的空间正义

8.4.1　空间正义的前提：更新主体力量的均衡

1. 主体权力关系的重构：话语权对等

城市住区空间的更新实践应该是在政府、市场和社会三者相互制约的综合作用下形成的，从这一意义上讲，正义应是不同利益主体之间博弈的平衡和不同价值取向间选择的平衡。但是今天的中国住区更新更多是在权力和资本主导下进行的，市民（居住者）社会力量较弱，难以对权力和资本形成有效制约，因此，平衡市民、政府、市场的博弈关系，实现三者的话语权对等成为关键。哈维认为，同一群体都致力于自身的“话语”（Havery，1992），因此不同的群体之间的博弈体现为对话语权的争夺，他又进一步将之区分为自上而下的话语控制与自下而上的话语宣传两种截然不同的途径。处于快速转型期的中国，面临着市民对城市及相关空间运动的参与热潮，但是由于其自下而上表达参与机制的不完善，导致大量的市民话语权的表达只能通过非常规的方式如群体性事件、网络舆论等途径进行并借此以寻求得到政府快速的回应。这种表达是不稳定的，也是建立在话语权不对等的基础之上，因此首要任务是维护市民表达自由与权利，其次是实现市民权利表达机制以及反馈的社会化和制度化的途径，如此才能真正将城市更新的正义付诸实施。

具体而言，个人对话政府或开发商则容易形成弱势；而全体居民共同参与，则可能导致决策效率的下降。建议可以通过成立市民委员会或居民协会的方式代表居民利益和话语权的组织团体，这意味着居民权利的上移和政府权力的部分下放。他们作为一个 NGO 组织与政府、开发商之间形成多集团的对话和博弈，以达到最大程度动员资源和实现效率的方式，并通过参与机制的法制化、有效性的制度建立与实施，使居民权利得到表达、采纳或反馈。如在荷兰，居民或租赁者协会从国家层面—城市层面—社区层面分为三层，并具有参与本地区住房政策讨论及决策的权利，各个层面的租赁者干预的制度也被中央立法支持（主要是指《咨询法》Consultation Act 1998）。

2. 地方政府角色的转换：福利供给者与市场监督者

传统的强势的政府在资源运行效率上发挥了重要的作用，行政权力快速调遣、配置市场资源，推动空间生产发展。然而，面对日益多元的社会结构力量和复杂开放的全球地方环境，政府已经很难再运用强势权力施展地方发展行为，不仅受到来自社会力量的抵抗，也有悖于市场化的竞争原则。因此，在转型环境下政府的主要职能是提供基础公共服务设施以及法律规定的公共物品，同时也包括为市场经济中的不同参与主体创建公平正义的制度环境，保证公平竞争合理发展，而从市场经济的谋利者中脱离出来。对于住区更新，政府应该发挥不与民争利，而更多的是扮演公共服务的安排者、政策的供给者、改造的监督者和利益关系的协调者角色 [1]（邵任薇，2011）。在与开发商的谈判过程中，政府是地方公共利益的

1　邵任薇．城中村改造中的政府角色扮演：安排者、监管者和协调者 [J]. 城市发展研究，2011.（12）：125-128.

协调者和代言人，在行政控制下使资本建设和生产符合并满足地方发展需要，同时保证受影响的居民利益。而与居民之间，国家新的拆迁条例规定了房屋和土地的征收主体为政府而不是建设单位，因此政府是扮演中介者和解决冲突的调停者，解决由于市场化行为造成的居民利益受损，给予其合理补偿和补贴。但是，地方城市政府角色转变、退出住区更新利益谋利的基础，在于改革财事倒挂的现有分税制体系，如果地方政府依然无法从不合理的公共产品支出责任比例中脱离，其土地财政依赖的行为将很难扭转。其次，逐步改革一次性的土地使用权出让制度，征收财产或土地使用税，让获取一次性的土地增量收入转变为获取长期的土地存量收入。

由于基础设施建设涉及招商引资的环境，地方政府具有建设热情；而对于保障型住房作为消费型的公共福利产品，虽然是保障公平正义的发展环境和民生，如果没有适当的激励政策很容易成为地方发展的负担而被搁置。部分发达国家的经验是在住房建设和更新方面更多采取贴息、减税等手段，鼓励建设企业、非营利性机构、民间住房建设投资，而对于居民和低收入群体则由政府提供减税和住房补贴。如此，一方面分离了政府同时负担住房建设和福利分配的压力，避免了“全能型”政府主导建设造成对地方财政的压迫和“完成任务式”的建设，以及由此带来大量的社会问题（如集中的低收入群体的社会隔离、安置区居住就业的空间失配等等）；另一方面也避免了类似于中国因为“一人一价”的廉租房以及公租房的租金价格而产生的社会矛盾。因发达国家经验值得借鉴，但同时也应改变唯GDP至上的政绩衡量标准，从内外双方面构建地方政府的公共福利提供者角色。建设企业、非营利性机构、民间住房建设以稳定的价格提供保障性住房，而低收入群体的租房或购房与收入之间的差异则由政府按照梯度补贴标准给予支持。

3. 非官方公共领域的培育：NGO组织的发展与完善

西方的NGO组织其中一部分是源于西方的宗教和人道主义传统，另外一些则是在反抗贫穷等的正义名义下由那些不懈追求市场交换扩大化目标的团体所资助建成（哈维，2009）。由于在西方历史上宗教影响巨大，其地位在中世纪一度高于王权，因此宗教组织及其思想对于西方社会影响重大，更多中立、去政治化的NGO组织脱胎于宗教。中国的NGO组织并没有受传统宗教影响的延续，计划经济时期形成政府—单位—社会高度一体化的总体性社会（孙立平，1994）等。

在多方因素的影响下，中国在政府体系之外没有一个独立的公共领域，国家对NGO组织的规模以及发展都保有谨慎的态度。中国目前的NGO组织更多是民间自发的草根组织，一方面与政府不具有同等的话语地位，因此没有很强的游说能力能够与政府或相关部门协商；另一方面有些组织并没有获得合法化的认可，特别是在社区层面，国家规定了社会团体组织必须获得县级以上地方各级人民政府民政部门登记管理[1]，而社区层面的NGO往往无法获得登记许可[2]，导致其以临时性质存在，影响和行动范围都有限。

我国NGO组织的培育和发展特别与住区更新有关的社区NGO组织，首先明确其身份和地位并不是基于国家和市民社会的二元对立基础，而更多应该是出于弥补公共服务领域由于政府治理机制的暂时缺失而导致的“政府失灵”，以及市场机制导致的“市场失灵”。因此，其态度是中立的，很多情况下是与政府合作的。而只有在政府不合理的行政权力运用或者政策本身不合理情况下，NGO作为社会进步的推动者和权力体系的监督者之一，可以积极地维护利益受损者的权利。而如何保持NGO组织的自主性，不被权力结构所影响，使之在各个层面的政策倡导领域保持理性和行动的张力，需要政府权威适当地将公共权力资源配置向NGO组织转移。

对于我国当前的城市住区更新现实，可采用建立目标取向和组织形式的不同的NGO组织作为当前的替代方案。业主、社区为主体在财产、法律地位以及生活方式方面形成了一定的共性，因此以“居住共同体”为代表的力量，取代原有的工会组织、单位结构造成社会基础关系的根本转型和一个新公共领域的出现[3]（张静，2001）。他们存在共同行动的基础，以业主委员会或社区是中国城市化进程中住房商品化改革的结构性产物，安置区的拆迁群体也是这样的一个产物，在拆迁前的居民居住共同体也同样存在，但是在基层中住房产权对政治积极性的促进仅仅局限于特定的社区即新兴的商品房住宅小区[4]（李骏，2009）。安置区、旧住区的居民群体因社会经济地位和资源控制能力弱，即使集结成群也往往效果有限，因此可以由政府和社区共同培育和促进相关利益团体的产生，如设立社区住

1 《民办非企业单位登记管理暂行条例》，1998.

2 张紧跟，庄文嘉 . 非正式政治：一个草根NGO的行动策略 [J]. 社会学研究，2008（2）：1-11.

3 张静 . 公共空间的社会基础：一个社区纠纷案例的分析 [C]. 上海社会科学联合会编，社区理论与社区发展，2001.

4 李骏 . 住房产权与政治参与：中国城市的基层社区民主 [J]. 社会学研究，2009（5）：57-82.

房协会，该协会组织可以进一步分化为：居民协会、租住者协会甚至外来人口居住者协会、安置居民协会等不同代表者的团体，在规范制度下参与与自身利益有关的社区行动。

4. 市民社会的平行发展：个体反抗与集体行动

近年来，虽然在现实中不乏个体维权（例如重庆钉子户）和集体行动取得部分胜利（例如北大五学者推动的拆迁条例修改，南京老城南居民、专家和中央政府的联盟导致地方政府的让步）的情况，但是在中国既有的政治与社会环境中，无论是对于公共利益还是对于各个集团的博弈，其基础都是建立在个人利益服从集体利益的基础之上，以及集体正义大于个体正义。我国因房屋土地征收原因进行的集体维权或行动通常以农村居民为主[1]。土地所有制度规定了农村土地为集体所有，使农民在遭遇房屋和土地被征收时还能集结成群，形成地缘关系上的利益共同体；但在城市，国家所有制上的土地制度，城市居民只能各自为保护作为私有财产的房屋而抗争，土地与房屋的分离令其维权被动，集体行动并不多见。即使不同家庭和个人之间的境遇相同，利益诉求也一致，他们还是不敢结成集体，这使他们在面对强大的发展商和权力意志时显得势单力薄。

图 8–5　个体反抗——重庆“史上最牛钉子户”

图片来源：http：//www.chinareform.net/, The New York Times，March 27，2007。

1　根据国家信访部门的统计．

图 8-6 抵抗的符号方式

图片来源：摄于老城南

列斐伏尔也在《城市革命》一书中将空间生产理论回归到了微观的日常生活实践，他认为空间是个体抵抗的工具，是在商品化和官僚化框架下日常生活的实践对象[1]（张子凯，2007）。国家组织了市场，形塑了城市空间，贫穷、种族、邻里为空间所结构化，公民运动则围绕着空间所结构化的资源而发起。政府在寻求社会控制，居民则反抗该控制，随着抗议的增强，国家不得不做出让步以维持统治的合法性（Castells，1983）。因此，国家现有的法律政策和空间实践通常是建立在个体反抗和集体行动中取得进步，空间正义的寻求并不排斥以生活革命为基础的社会运动，但是广泛的市民社会的建立在当中显得异常重要。

在计划经济时期，我国形成了政府—单位—社会高度一体化的总体性社会（孙立平，1994），在国家之外没有一个独立的市民社会。改革开放 30 年市场经济和民主政治的发展历程中，中国的市民社会得到了迅速的发展，并对中国的经济、政治、社会生活产生了日益重大的影响。但是由于政治和社会体制改革的滞后，市民社会的两个领域发展严重不匹配：随着市场经济的建立和发展，以及法制（《宪法》、《物权法》等）对于私人财产权利和经济行为保护的确立，市民社会的私人领域初步建立，已基本能在自主、自立、平等及自组织性等原则下运行，但是非官方的公共领域运作机制还未常规化和制度化，因此其作用空间十分有限，这已非常明显地表现于南京老城南住区更新的案例中，新闻媒体、知识界只有借助中央政府的行政监管才能真正影响更新的进程。市民社会的发展不足以及市民社会中两个领域发展的失衡，也是造成当前空间正义缺失的重

1 张子凯．列斐伏尔《空间的生产》述评 [N]．江苏大学学报（社会科学版），2007，9（5）：10-14.

要原因。因此，要构建博弈均衡、利益共享的机制，必须明确地提出培育市民社会发展的目标，尤其要培育非官方的公共领域发展，使其成为构建均衡博弈机制的制度化参与角色——（1）使其能在再开发的博弈过程中发挥重要的协调、沟通、教育、指导作用；（2）弥补内循环中博弈三方信息不对称从而造成博弈机制失衡的问题；（3）扩大非官方公共领域对地方事务的参与，发挥其决策支持与社会监督功能。

8.4.2　空间程序正义：公正、独立、执行有效的制度政策

1. 建立以“公共利益”为区分的更新实施方式

国家政策规定了住区更新的实施职能是为了“公共利益”，在新的拆迁条例中公共利益包含了六项内容：“国防和外交的需要，由政府组织实施的基础设施建设和公共事业发展的需要，保障性住房工程建设的需要，旧城区改建的需要以及法律行政法规规定的其他公共利益需要”，单是“旧城区改建”这一条就将“公共利益”再次置于极其宽泛的范畴。因此，首先应该进一步明确公共利益的具体范围与类型，针对不同的情况依法实施不同的土地房屋征收方式，否则所有类型的更新目的均可以堂而皇之地纳入“旧城区改建的需要”。

更进一步，在公共利益为目的的住区更新中政府有权利、居民有义务为“公共利益”让渡自身的居住权利，但是应该建立在合理补偿和协商一致的基础上。地方政府作为征收、补偿和安置的主体，应该：（1）严格设定征收的具体条件，以保证政府的征收权行使符合公共利益的需要，避免征收权被滥用；（2）建立信息公开与听证程序，充分保障被征收人的参与权和知情权，从而制约征收权；（3）作为公共利益为目的整体经营的部分商业项目，以及一些打着“历史文化保护”的公共利益名义而改造为商业空间的，一旦是由居住功能和使用价值转变为商业功能和价值，则居民有权力进行申诉，并根据其非公共利益的性质要求进行利益分享[1]；（4）实施市场化的补偿方式，至少保证其在同等区位可以支付起相当面积和品质的住房。

为了避免与原住民之间的冲突，新的拆迁安置条例规定了所有项目的征收主体是政府。事实上，在以商业利益为目的的住区更新中开发商应该作为拆迁

1　如以历史建筑保护的上海石库门改造就曾经发生过，居民因“公共利益”而搬迁，但是其居住空间被改造成为了一个商业空间（饭店）而引起居民对政府的不满。

补偿的主体，地方政府应该作为拆迁的中介者、监督者和协调者，保证原住民在商业利益开发项目中的参与权和知情权，并且在多数原则下具有正当的项目否决权。在多数人同意的原则下，政府监督实施市场化的补偿方式，至少保证其在同等区位可以支付起相当面积和品质的住房。在发生矛盾的情况下，政府应主动介入调解。

2. 维护和完善法规体系的统一性和严肃性

2004 年 3 月 14 日，十届全国人大二次会议通过《宪法修正案》，其第 33 条第三款规定："国家尊重和保障人权"，第 39 条规定："中华人民共和国公民的住宅不受侵犯"。与宪法保护公民住宅和财产的精神一致，2007 年经历 8 次审议终获通过的《物权法》为土地征用明确了三个条件：征收目的仅限于"公共利益的需要"，程序上必须"依照法律规定的权限和程序"，征收必须保证公平的补偿。但是在《物权法》通过以后，2001 年公布的与物权法相冲突的《城市房屋拆迁管理条例》一直沿用至 2011 年 1 月 19 日（时滞长达 4 年之久），对拆迁权利关系的界定依然依照"行政法规"进行，行使拆迁权力的行政机关由此获得了"自我立法权"，行政利益法制化的结果必然是架空物权法，出现行政法规效力大于国家宪法精神、大于《物权法》的现象。

应该说，法规体系的非统一性本质上反映了转型期国家与地方利益分化的事实，为地方政府违规、违法介入城市更新提供巨大的寻租空间。改革开放以来，我国有关市场经济方面的法治建设有了明显的推进，但总体而言，经济生活中的法治基础是异常脆弱的。法治的完善和统一固然是一个重要方面，但更关键的问题是，在部分情况下权力的不正当实施事实上就是不遵循法律或规定，因此维护和完善法规体系的严肃性重点在于调整权力与规制的关系，以构建独立、公正、透明的规制环境为主要内容，从而实现法规体系的权威性目标。因此，实现住区更新正义的途径不仅仅在于进一步推进经济和行政体制改革，还要重新梳理国家—地方、法律与行政法规之间的关系，整个正义的过程都是建立在法律公正、权力具有压抑作用的基础上，权力不应干预法律，而法律不应迎合权力，法规体系具有统一性。

3. 实施程序公正的住区更新过程

城市住区更新根据程序中与居民利益直接相关的，主要有规划程序和补偿安置程序。城市规划作为公共政策的属性，决定了其本质上不是一个单纯的技术过程，而是一个涉及空间中不同群体的利益协调过程。作为公共政策的城市规划，其编制、实施和管理过程是一个充满风险、冲突、错误甚至是激烈对抗的过程，在某种程度上可以说，公共政策并不是决策者制定的，而是决策者“选择”的，是城市中相互竞争的利益群体在利益冲突中达到平衡的产物，公共政策不过是他们之间周旋的一种平衡机制。要做到以公平本位原则协调不同群体的利益，要使其决策具备可实施的合法性，从简单的、垂直指令式的决策模式走向多方充分参与的、横向的公共政策制定过程是根本的途径。公共政策的本质在于公共性，公共政策程序是保障利益客观、公正分配的唯一有效方式。程序公正、广泛的公众参与是公共政策能代表广泛利益、顺利实施，而不被私人利益“篡改”的有效保障。

住区更新项目一旦开始实施，补偿和安置是直接涉及居民利益的两个部分。但这两者应该是分别实施，而不是地方政府现在惯用的“封闭式操作”——将补偿和安置过程合二为一。补偿是市场化的过程，不带有福利特点，应该根据统一制定的标准进行；安置是住房资源或者福利再分配的过程，应该考虑被安置居民的家庭情况给予不同的福利分配。而当前的实际情况是，补偿和安置常常被混为一谈，货币补偿方式的不完善（补偿极低、房屋评估方式缺陷等见第7章），却用安置福利的供给来弥补，如此貌似过程简单了、程序简化了，但事实上却造成了更多的弊病，让那些本不需要保障房做安置的家庭因为补偿吃亏而挤占保障型住房。

因此，首先建立货币补偿的市场化方式，确立合理可行的货币补偿执行标准并严格实施；其次，安置在保障房住区是福利分配过程，应该遵照保障性住房的申请程序和申请标准，给予满足申请条件的被拆迁家庭一定的优先权利，不满足的家庭应该通过市场购买商品住房。取消实物补偿，实物补偿是计划经济时期单位福利制分配制度的遗留，在现阶段如果是实物补偿，实物应该是价值相当的商品住房（又转换为货币补偿——货币购买商品住房），而不是福利性质的社会保障性住房。保障性住房不具有商品房性质，而是应该根据申请人的情况给予不同的补贴（如收入越低者其房租越低），因此不能以价格来衡量。经过一定的时间后应彻底取消实物补偿形式，将“补偿实物”转化为符合条件家庭的“安置申请实物”。

8.4.3 空间结果正义：利益再分配的调节

1. 公平分享住区更新的空间成果

资本的价值不是凭空创造的，利益和价值的交换来源于牺牲社会价值，价值交换是以住区原住民的日常生活为代价的空间生产关系的改变。因此住区更新的结果应该将原居民纳入，由更多的人来共享，而不是制造排斥空间、独享公共设施的便利，或通过塑造空间的界限以隔离经济价值属性异质的群体。相反，应该通过诸如商品房与保障性住房的配建，公共设施的开放等，以积极的空间政策措施和利益分享机制将原住民纳入。令人欣喜的是，空间正义在我国近来的一些城市实践中正在逐渐地被纳入城市空间的发展目标中来，如南京城市的轨道交通线专门考虑了对保障性住区的站点规划以弥补原有空间布局结果的不足，城市中多个地区的更新规划方案成果因为原居民的强烈意愿和专家的介入,而不得不由“物性”修改得更具“人性”等。

2. 满足最小受惠者最大利益的再分配原则

现阶段的城市住区更新被市场以经济和利润的标尺衡量，被权力以政绩目标来衡量，而这些衡量标准都将社会成本和社会目标排除在外。住区更新的空间目标应该由经济效率优先转向社会正义优先，即使无法保证使每个人都受益，也应更多考虑弱势阶层作为最小受惠者的利益以及他们的空间需求，削减由更新已经造成的边缘化驱赶和对其空间资源的剥夺，这才是中国城市更新的空间正义发展方向。

在遵循程序正义的基础上，也不乏少数并非权力实施不当而造成的不正义现象产生，如原居民因住房面积过小而获得补偿总额相对较少，无法在同等区位购买面积和质量相当的住房，或者由于住区更新导致的居民失业等住区更新的“附带品”。这些则属于利益和福利再分配问题，需要启动政府福利救助体系进行再分配，以弥补市场失灵造成的不正义现象。因此，在现阶段住区更新正义是一个系统工程，涉及了制度、市场、福利体系等多方位的调整。

8.4.4 城市规划：技术工具向利益分配的公共政策转变

1. 规划事实上是权力运作的基础

“城市规划的空间作为科学的对象，它的客观性和纯粹性赋予它中性的特质”，列斐伏尔提出有必要在空间问题和空间实践之间做出区分。空间问题只有在理论层面上形成，而空间实践是在可见的经验。空间“问题”（problematic 来自哲学的术语）由关于精神和社会空间、二者之间的相互关联、它们与自然和“纯粹”的形式的联系等问题组成。空间实践在广泛的范围内被观察、描述和分析：在建筑、城市规划和“城市主义”（从官方的宣言中借来的术语）、实际的道路和地点（城镇和乡村的规划）的设计、日常生活的管理和城市现实等方面[62]。因此在列菲弗尔的理论中，城市规划是一个重点的空间批判话题。在他看来，城市规划其实只是作为统治阶级的资产阶级进行阶级控制的工具和途径：“今天，统治阶级把空间当成了一种工具来使用，用作实现多个目标的工具：分散工人阶级，把他们重新分配到指定的地点，组织各种各样的流动，让这些流动服从规章制度，让空间服从权力，控制空间，通过技术来管理整个社会，使其容纳资本主义生产关系[1]”。因此，城市规划不仅仅破坏的是传统的城镇，也借助资本的力量破坏了日常生活。列菲弗尔指出，城市规划只有依靠强烈的批判思想，才能摆脱处于统治地位的强烈的意识形态，才能真正解决社会问题。

哈维也指出城市规划本应该是一种体制和意识形态的混合，而在规划的总体中却掩盖了社会问题[2]。由于处在不同层级的规划不是一个统一的科学，它不存在内在的逻辑性和科学性。对于过去来说，城市规划不属于科学；而对于未来的蓝图，城市规划也不属于一个实践，而占主导地位的始终是有权势的一方（Harvey，1992）。在新马克思主义的“空间的生产”理论看来，城市规划成为权力运作的基础，同时也是权力控制生产和分配的产物，作为规划产物的住区更新难辞其咎。在空间正义的价值观下，城市规划必然是改造的对象之一。

2. 公共政策对公共利益的保障

城市规划作为一项具有广泛社会关联性的政府职能和事业，其性质和功能的变化受国家在一定时期基本的经济政治制度和相关体制的决定和影响，取决于一定时期国家的发展目标、主导政策和主要任务，以一定时期政府职能的发展和变化为依据。在中国，计划经济时期国家是实施计划经济和推进工业化的

1　列菲弗尔．空间与政治 [M]. 李春译．上海：上海人民出版社，2008.

2　Harvey，D. 2006. Neoliberalism and the City. 22nd Annual University of Pennsylvania Urban Studies Public Lecture. November 2，2006.

主体，城市规划作为“国民经济计划的延伸和具体化”，是从属于经济计划、落实经济计划的技术手段。计划经济时期国家政治、经济和社会领域的高度整合性，决定了社会结构和利益结构的简单化和单一化，在这种环境下的城市规划不存在独立应对社会利益格局的问题，也不具备分配和调节社会利益的作用。在经济体制转轨时期，国家自上而下推动的分权改革赋予了地方政府独立的权责，地方政府成为市场经济的利益主体，与此同时市场体制发展过程中伴生的利益分化，使得城市规划面临的环境发生了重构：由单一、统一的利益格局向越来越多元化、分化甚至冲突的利益格局转化。西方近现代的城市规划正是从市场体制下分化的利益格局中产生的，并发展成协调社会利益的公共政策角色。在转型背景下的中国城市规划也面临着相似的环境，如果仅仅停留在传统的技术工具定位上，将难以适应利益多元化的格局，也将面临巨大的合法性危机。因此，城市规划从计划经济体制下的技术工具向市场经济体制下的公共政策转型势在必行。

转型期的城市规划应该以“正义”作为明确价值观的公共政策。现代意义上的公共政策是国家和政府对市场失灵进行干预的产物。在现代市场经济条件下，公共政策作为政府干预市场的主要手段，作为政府运用公共权力创造和合理分配公共利益、促进和维护社会公平的方式，决定了其与市场机制作用范围的分工。市场机制主要解决效率问题，而政策机制主要解决公平问题。城市规划公共政策的制定和实施，一方面必须以效率为其存在基础，有利于市场配置资源作用的充分有效发挥；另一方面又要以社会公平为根本目标，有效克服和矫治市场的固有缺陷。然而，过去 30 多年中国的城市规划却没有充分体现公共政策的主要功能和根本目标，而是成为政府推行和主导市场经济、追求经济效率的工具，而社会公平的主旨和目标却往往遭到忽视以致抛弃。

城市规划权威性的来源在于公众参与与程序正义。要做到以公平本位原则协调不同群体的利益，要使其决策具备可实施的合法性，从简单的、垂直指令式的决策模式走向多方充分参与的、横向的公共政策制定过程是根本的途径。公共政策的本质在于公共性，公共政策程序是保障利益客观、公正分配的唯一有效方式。程序公正、广泛的公众参与是公共政策能代表广泛利益、顺利实施，而不被私人利益“篡改”的有效保障。

案例：香港法定图则制度的引进

在公开、公平、公正的前提下，香港用既定的“法定图则＋规划委员会”审批的规划体系，使城市规划在市场经济条件下发挥了重要的作用。“全港发展策略”和“分区图则”都是概念性和弹性的，但是“法定图则”必须通过公众参与程序，才能由“规划委员会”审批。因此，只有法定图则是真正具有法定性质的操作性文件。所有经过批准的法定图则都对社会公开，让市民监督，法定图则既管开发者又管管理者。

《香港城市规划条例》规定：在城市规划委员会中政府官员人数不得超出总人数的50%；召开正式会议时其他社会人士出席会议少于政府官员时，则政府官员必须有人回避，以保证投票的公信度；任何规划如果涉及法定图则的修改，必须经委员会投票表决后才具有法律效力，对表决结构有异议的只可以由上诉委员会做最终裁决。

8.4.5　寻求住区更新空间正义的实践：经验与教训

1. 扬州市文化里改造：一种正义的住区更新模式

文化里位于历史文化名城扬州老城区四个历史重点保护片区之一的双东历史文化街区，属琼花观社区，是传统型街区的典型代表，至今仍保留着明清时期的诸多风格。这个社区具有以下几个特征：老年人和低收入人群比例高；住房老旧失修且居住条件差；缺乏公共空间和绿地；基础设施老化且环卫条件差等成为改造前的社区文体[1]。虽然这里的居住环境条件与现代生活相去甚远，但是文化里居民对老城区以及街坊邻里都有着深厚的感情，居民们希望通过改造的形式保留老城区，而不是推倒重建[2]（郭燏烽、朱隆斌，2009）。2002年扬州市政府与国际NGO组织德国技术合作公司（GTZ）的合作，提出了“扬州老城提升战略”，文化里住区更新被列为其中一项重要的内容。在文化里改造项目从初始就设定了以修缮为主、小规模渐进更新，避免大规模拆迁，尽量保持居民在原地居住的原则，因此获得社区和居民的支持。

1　朱隆斌．城市提升——扬州老城保护整治战略 [M]. 南京：江苏科学技术出版社，2007.

2　郭燏烽，朱隆斌．基于社区参与的传统街区复兴 [J]. 城市建筑，2009（2）：100-102.

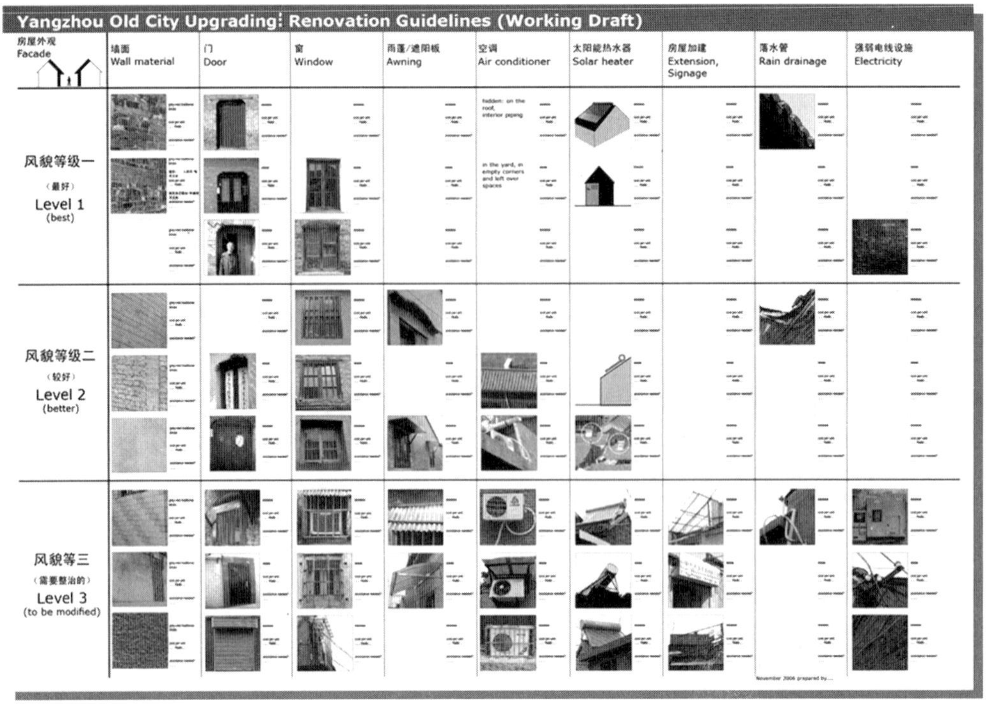

Yangzhou Old City Upgrading: Renovation Guidelines (Working Draft)

房屋外观 Facade	墙面 Wall material	门 Door	窗 Window	雨蓬/遮阳板 Awning	空调 Air conditioner	太阳能热水器 Solar heater	房屋加建 Extension, Signage	落水管 Rain drainage	强弱电线设施 Electricity
风貌等级一（最好）Level 1 (best)					hidden: on the roof, interior piping; in the yard, in empty corners and left over spaces				
风貌等级二（较好）Level 2 (better)									
风貌等三（需要整治的）Level 3 (to be modified)									

November 2006 prepared by...

图 8–7 文化里改造的主要内容以及质量等级划分

资料来源：扬州市规划局

（1）多方参与的合作模式

2007 年文化里改造项目正式开始，扬州市政府、德国技术合作公司、扬州市名城建设有限公司、琼花观社区、文化里居民五方共同分工合作。在战略制定层面，几方对扬州老城区进行了长达 5 年的调研，在古城的需求和潜力评估基础上形成了一套详细的远景目标体系和分项战略计划，并将此研究成果逐步纳入实施框架。理念上的突破也在实践中开花结果，由城市联盟牵头、扬州市多部门参与，以双东街区的“文化里”为试点，运用“社区行动规划”（Community Action Plan）的理念和方法对其进行“自下而上”的改造和修缮。

这五方各自明确分工和职责：1）扬州市政府于 2005 年成立“古城办”，为老城改造工作提供“一站式办事机构”，便于进行多部门协调和职能配置优化。2）名城建设有限公司是在古城办的授权下担负起老城发展运作的职能，负责老城区建设项目的实施，因而文化里改造项目中，它作为中方的项目负责与德国的 GTZ 共同组织此次项目。3）德国技术合作公司（GTZ）成立于

1975年，是一家国际性的NGO组织，其工作目标是持续改善人民的生活条件，尤其关注历史城市的市中心改造及其发展。在本次文化里改造中，它是以一个外来者的身份介入的，其作用主要体现在两个方面：其一是技术援助；其二是理念输入，也整个过程中和居民互动最频繁、最主动的一方。4）琼花观社区在整个改造过程中主要起着中间调协作用。通过社区居委会前期调查确定参与改造的居民家庭，积极动员和组织居民参与，起到了组织协调作用。5）社区居民在本次文化里改造项目中是被组织的对象，却也是决定改造如何进行的主体。他们在GTZ技术人员的组织和指导下，经历了“抵触、观望—被动参与—主动参与”的态度变化，实现了从“无参与或象征性参与”到“真正参与”的蜕变[1]。

（2）以社区行动规划（CAP）为标准的公众参与模式

文化里改造项目将公众参与的内容做了详细的划分，主要分为两个环节：1）居民房屋修缮，主要是居民住宅内部的院落、厨卫改造；2）邻里公共空间环境整治和美化，包括街巷立面整治以及完善排水、照明、绿化、景观小品等。每个环节都包含发起和准备（Pre CAP）、研讨会（CAP Workshop）和后续（Post CAP）三个阶段，每个阶段的内容都实施如下：

CPA社区行动计划的实施　　表8-2

各个阶段	主要内容	实施行动
发起和准备（Pre CAP）	1.专家实地调查和家庭走访，接触相关部门和机构，了解问题和潜力 2.确定研讨会议题和组织形式，确定改造内容、实施对象、资金来源等 3.举办“我看古城”居民摄影活动，居民将他们认为历史风貌要素拍下来，作为下一步研讨会的依据	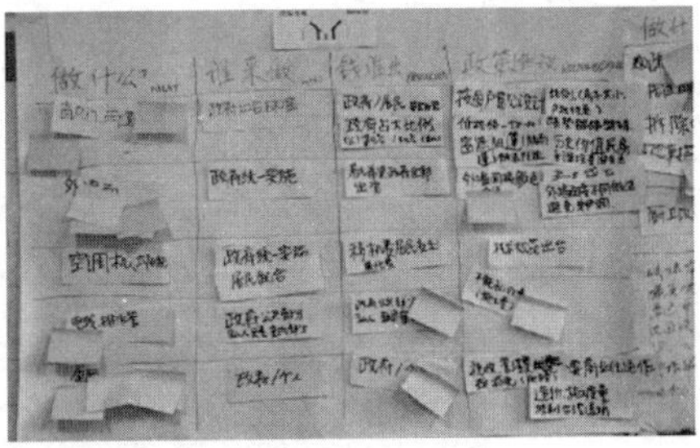

1　王婷婷，张京祥．略论基于国家——社会关系的中国社区规划师制度[J]．上海城市规划，2010，(5)：4-9.

续表

各个阶段	主要内容	实施行动
研讨会（Workshop）	1.发现问题，提高居民对老城历史价值的认知力和参与热情。由居民自己区分需要保留和需要改造的地方；让居民列举街巷、房屋内部和外部存在的问题；就问题的重要性以及各项选择的成本进行轻重缓急的排序 2.问题的定位和评估。GTZ专家小组、名城建设公司工作人员、社区和居民代表根据居民讨论结果共同进行进一步实地走访，深入居民家中了解具体情况和每户居民的改造意愿；居民再次参与讨论，按街巷分组就本街巷的相关问题展开讨论，用不同颜色的纸片在平面图上进行问题定位 3.制订解决问题的具体行动计划。包括应改造的内容以及改造的时间优先顺序	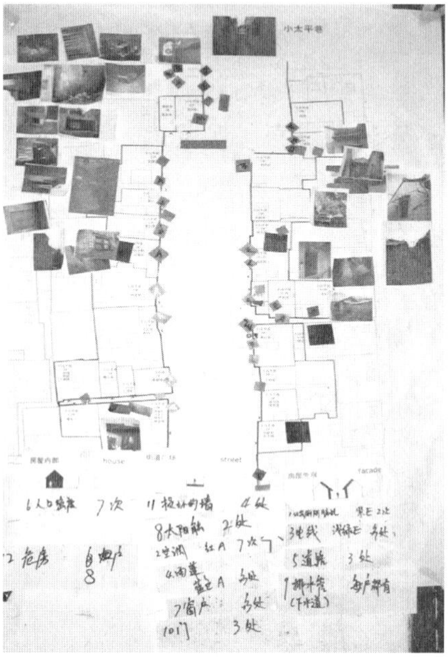
后续（Post）	1.GTZ工作组按照居民意愿制定和完善房屋修缮设计导则，便于居民查阅实施 2.依据各家情况为每户居民量身打造房屋修缮设计图，估算造价 3.每个街道选出固定联络人以保证行动的具体实施 4.组织汇报会，邀请相关官员和居民代表参加，敦促计划落实	

资料来源：扬州市规划局及参考文献228.

文化里的改造方式与以往常见方式的主要不同是：1）地方政府退出了具体的实施领域，而是发挥了组织动员、协调和项目服务的角色；2）NGO组织的介入，与当地企业、政府的良好合作，承担了主要的改造任务；3）有计划、有步骤的公众参与方式的应用，根据居民可支付能力进行改造方案的设计和修改，为内城住区更新提供了一种非商业化改造的可能模式。文化里的改造实践为其他城市的历史街区改造提供了有力的范本：在快速城市化的背景下，住区改造采取过程取向而非项目取向的方式渐进推动，采取小范围渐进式的更新方式达到了令居民满意的结果。文化里案例展示给我们另一个重要的启示是，在保护和更新的利益天平上，我们完全可以综合考虑现存历史街区、文化遗产保护和原住居民需求的多目标体系，不是去一味追求发挥历史城区的经济区位价值，而是将更新的结果由原居民享有。

2. 荷兰 Bijlmemeer 住区重建：集中式社会住房建设的教训

荷兰是施行社会住房租赁制度的国家，其社会住房比例在全欧洲最高（表8-3），占到了住房总量的 31.2%（2011 年），因此又被称为“住房社会主义国家”。在荷兰社会住房的发展进程中，高人口密度[1]、工业化驱动的大量外来移民工人、第二次世界大战对住房的破坏、战后婴儿潮以及荷属殖民地国家的独立等，也曾经一度使政府面临巨大住房问题解决压力，如住房短缺、低收入家庭住房的供给与分配等。第二次世界大战后，荷兰政府将住房政策的主要任务放在了为低收入家庭提供“可支付能力范围内的住房”（affordable housing）上面，此类社会住房体现了更多的福利特征，更少受市场目标的影响，这使得荷兰的社会住房在欧洲国家中成为典范。

欧洲主要国家社会住房占住房总量以及租赁住房的比重（单位：%）　　表8-3

	社会住房占住房总量的比例					社会住房占租赁住房总量的比例				
	1980年	1990年	2000年	2004年	2008年	1980年	1990年	2000年	2004年	2008年
荷兰	34	38	36	34	32	58	70	75	77	75
英国	31	25	21	20	—	74	73	69	65	—
瑞典	20	22	19	18	17	48	50	48	46	46
法国	15	17	18	17	17	37	44	44	43	44
德国	—	—	—	6	5	—	—	—	12	9
丹麦	14	17	19	19	19	35	40	43	42	51
比利时	—	—	7	7	7	18	19	24	24	24

1　荷兰人口密度 485 人 /km²，与我国东南沿海人口密度相当。

续表

	社会住房占住房总量的比例					社会住房占租赁住房总量的比例				
	1980年	1990年	2000年	2004年	2008年	1980年	1990年	2000年	2004年	2008年
奥地利	—	22	23	—	23	40	53	52	—	59
芬兰	—	—	16	16	16	39	56	49	49	53
意大利	12	10	9	8	—	13	23	25	24	19
爱尔兰	12	10	9	8	7	53	44	49	38	—

注：1.表内为部分社会住房租赁制度的国家。

2.租赁住房包括社会租赁住房和私人市场租赁住房两种。

3.“—”表示数据缺失。

资料来源：Christine Whitehead，Kathleen Scanlon. Social housing in Europe[M]. London：London School of Economics and Political Science，2007.

而事实上，在其成功经验的背后也曾有惨痛的教训：欧洲在 1960 ~ 1970 年代之间一度流行大型的集中房地产社区[1]（high-rise housing），这种模式也被用于社会住房的建设。尽管历史的多样性和经济发展的不同导致欧洲各国住房政策和社会文化传统的异质性，但是荷兰和众多欧洲国家一样，大型集中的社会住房遭遇了居住条件的下降、成为被剥夺权利的地区、导致群体性贫困的集中、社会隔离、犯罪率升高等共性问题。中国从 2011 年开始保障性住房的大规模建设，但是从政策实施之初，其建设、分配以及管理问题就倍受诟病。轰轰烈烈的保障性住房建设可以在短期内及时缓解低收入人群的住房不足，但造成的负面影响可能需要十几年甚至几十年的时间来改进。总之，在研究者广泛引入国外成功经验的同时，在大型社会住区倍受诟病和学界批判的今天，反思发达国家曾经遭遇的教训也不失为一种有益的经验学习。

（1）未来新城：功能分区思想的现实实践

第二次世界大战后，面对战后重建和人口快速增长的现实需求，为了解决社会住房短缺问题，荷兰于 1968 年开始实施大规模的社会住房建设计划。在此背景下，31 个大型的社会住房区共 13000 套住房在荷兰阿姆斯特丹东南方向开始建立，并且试图打算以一个新城的模式来打造其独立功能。由于当时社会住房的平面设计类似于蜂巢（图 8-8），因此被取名为 Bijlmemeer[2]（荷兰语 Bij 为蜜蜂的

1　大型房地产社区（high-rise housing）是指规模较大，在荷兰指超过 5 万人的集中式社区。

2　Mentzel，M.The birth of Bijlmermeer，1965：the origin and explanation of high-rise decision making[J]. Netherlands Journal of Housing and Environment，1990（4）：359-375.

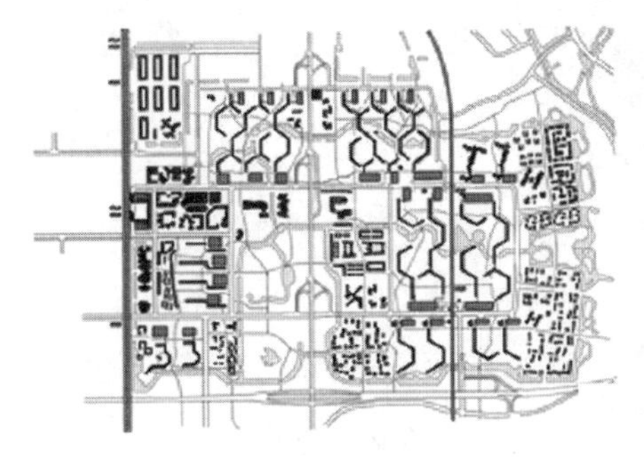

图 8-8　建成的 Bijlmemeer 平面图

图 8-9　大型的社会住房项目及高标准公共空间

图片来源：参考文献 232 以及 http：//en.wikipedia.org

意思）。荷兰本身是一个人口小国，13000 套社会住房对其来说规模相当庞大，这一计划也引起了世界的注意，一方面是由于它庞大的规模，预计这一地区将容纳 5 万人；其次它的设计理念是“功能性小镇”（functional town）。31 个大型的社会住房区的设计都是大街区的 10 层建筑，总共 18000 个单元，其中 13000 户被设计成这种样式,只有 5000 户是独立的小街区。在大街区之间是绿色的开场空间公园，环绕在其中的是自行车和行人道，成为实践柯布西耶功能主义理念的现实典范。

（2）城市沼泽：层出不穷的社会问题

虽然社会住房及整个社区被以高规格设计：大型的中央公共空间、高标准的基础设施，中央集中供暖，每家有自己的储藏室等。但是很快，Bijlmemeer 成为城市的“黑色”地区（Black part of town）。

问题一，由于项目过于庞大，资金短缺问题严重，Bijlmemeer 的许多配套设施滞后于社会住房建设，导致其成为未完成的街区，功能缺失，特别是成为问题地区之后，私有资本更是拒绝投入。

问题二，过于大型的住区以及中央的公共空间事实上成为一个盲点，居民很少在广阔的空间中发生交流和社会交往。

问题三，少数族裔聚集，种族隔离、失业等社会严重。人群中有 40% 来自荷兰原来的殖民地苏里南和安的列斯群岛（Antilles），40% 来自其他国家，主要是西非国家,20% 为荷兰低收入群体[1]。与阿姆斯特丹便捷的交通联系反而使得这里成为犯罪窝藏、毒品交易等的集中地点。

1　Frank Wassenberg. Demolition in the Bijlmermeer：lessons from transforming a large housing estate[J]. Building Research and Information，2011，39（4）：363-379.

问题四，虽然与阿姆斯特丹直接有立体交通（有轨电车、地铁、公交）进行方便接驳，但是大规模集中在这里的居民仍然抱怨因钟摆型交通而带来的极大不便。

（3）持续的重建（1980 ~ 2012 年）

正是由于层出不穷的社会问题，使得高规格修建的社会住房项目成为问题重重的社区。虽然 Bijlmemeer 社会住房建成从 1968 ~ 1975 年花费了不到 8 年的时间，但是弥补社会住房集中和融合政策实施的住区重建改造却一直延续至今，有学者认为将至少需要用 50 年甚至更长的时间来弥补，可谓教训惨痛。

早期的解决措施（1980 ~ 1990 年）。早期从 1980 年代政府开始意识到问题的严重性，加强了对此地区的管理，一方面增强人为监管措施；另一方面投入大量的资金用于配套设施建设，完善了部分商业、停车、运动设施。而在社会融合方面，主要是由社会住房的建设主体住房协会协助组织定期的居民参与式活动。

功能的重建（1991 ~ 2000 年）。尽管早期的弥补措施取得了一些效果，但是依旧没有解决问题。人力、管理都无法完全覆盖整个大规模地区。从 1985 年开始，空置率不断上升到 25% 左右，给建设和管理此地区社会住房的住房协会带来了极大的困难，由此管理等服务也陷入僵局，最后住房协会宣布破产。于是在 1992 年，由政府组织，住房协会联盟主导的再建计划开始实施，首先在定位上由“独立功能的地区”转变为“城市网络功能节点”[1]，将阿姆斯特丹的大型剧场和运动场、火车站点、购物中心引入至这一地区，使之成为阿姆斯特丹城市功能的一部分，减少了居民的隔离和排斥感。

社会规划也以就业创造为主，就业咨询局（employment advice bureau）与妇女权力中心（ women empowerment centre）建立，以进行失业救济和妇女就业及人身保障。通过城市项目的建设制造了部分岗位，失业人口被鼓励加入进来，各个民族和宗教的节日也被加入了社区活动安排。

最后的行动（2001 ~ 2012 年）。2001 年大型的社会调查在 Bijlmemeer 地区展开，这项调查是在为更大范围和更广深度的地区更新计划做准备。有超过 3500 人次填写了调查，其中有 70% 的人支持将大体量集中式的社会住房拆除，此后被搬迁的租户（荷兰社会住房为租赁制度）也被优先安置在阿姆斯特丹地区的其他社会住房当中[2]。也正是这次大型的更新计划，使整个荷兰的社会住房更新

---

1 Kwekkeboom，W. Rebuildung the Bijlmermeer 1992–2002[C]. In：Amsterdam Southeast. Eds.：D. Bruijne，D.van Hoogstraten，W. Kwekkeboom，A. Luijten. Bussum 2002：73-114.

2 荷兰社会住房通过在网上排队申请，排队最久者优先获得，但因拆迁而搬家的租户具有优先权。

的租户搬家费用上涨到了5000欧元。

在2002年，Bijlmemeer最后的行动规划“Final Action Plan”出炉，该规划时间至2012年大量原有的大型社会住房被拆除，而代之以小型的社区组团、小规模的邻里中心为主的住区空间模式建设，从而促进的居民的交往。社会住房不再是Bijlmemeer的主要住房类型，将建设部分私人住房与各种类型的社会住房混合在一起（家庭式，公寓式等）以满足不同人群的需要，并构建混合住区。Bijlmermeer项目管理部门成立（Project Bureau Bijlmermeer），专门负责更新行动计划。整个项目耗资16亿欧元，其中有4.5亿欧元没有任何经济回报。

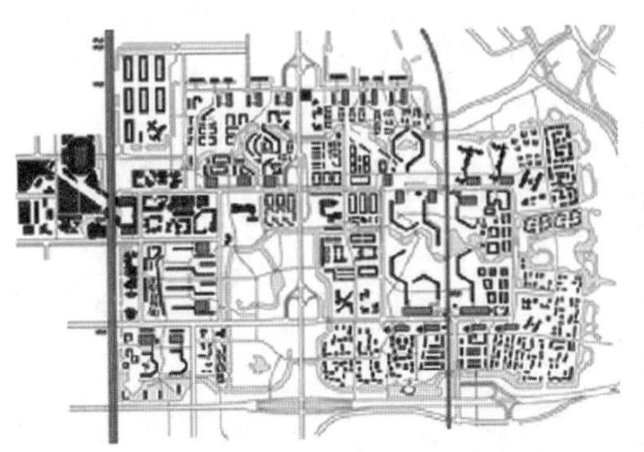

图8–10 正在重建的Bijlmemeer平面图

图8–11 新建不久的大型社会住房被拆除

图8–12 重建之前大体量集中的社会住房

图8–13 重建后私人住房以及小型的家庭社会住房混合

图片来源：参考文献[224]以及http：//www.eikongraphia.com/

（4）经验教训

荷兰的Bijlmermeer因大规模集中式的社会住房建设付出了惨痛的代价，而我国现有的安置区和社会住房建设却不仅仅是一个城市、单个地区这么简单，而是全国范围内大规模建设的集中建设安置区和社会住房。这些保障房、安置区往往被集中置于城市的边缘，并将所有的日常生活全部在本安置区范围内解决，导致其与城市其他部分之间不发生功能联系，如此形成了两个并行的城市社会，强化了被安置和被保障居民的排斥感与隔离感。

西方国家的经验告诉我们，社会住房或保障性住区应与城市中心功能发生联系，而不是自我建设功能齐全的“社会孤岛”，功能分区、完善配套已经不能再作为独立社区的规划范式。如何与城市发生联系，使社会住房人群不被隔离？应该考虑将城市功能部分安排在安置区周边，使其成为城市功能网络的一个节点，而不是独立单元，以此弥补现有的集中被安置和被保障的问题。从长远来看，要避免集中式的建设、安置模式，通过合理补偿让居民有住房自由购买和居住选择权，而社会住房建设应该采用各类混合居住的措施政策以实现空间和社会的融合，在这一方面，新加坡的公屋政策有非常成功的经验。

第 9 章　结论与展望

9.1　主要结论

“罗马不是一天造成的”，在中国，对经济效率的追求造成了对城市空间急功近利式的建设，却忽视了日益严重的社会问题。许多学者认为，中国正在以一种社会不可持续的方式来换取经济的持续发展，只注重宏观的改革和建设（社会主义制度建立和社会主义市场经济的建立），却忽略了与微观生活（人民日常生活以及生活空间实践）相关的制度完善与改造。我们城市建设中的空间正义缺失并不仅仅是由资本逐利所造成的，而更在于社会主义部分制度的不完善以及对居民日常生活空间的忽略。因此，中国当前住区更新所产生的社会问题是在全球发展环境与中国现有的城市发展被压缩到同一时空背景下的耦合。

在上述背景下，中国城市住区更新实践的空间生产体现出了其区别于西方理论的特殊性：一是通过对资本运转周期的缩短，提高了空间生产的价值。在高度压缩的环境即被压缩的城市化和生产的时空中，创造高额空间剩余价值方式是通过尽可能短的资本运转周期而获得的。通过对南京几个实证案例的研究可以发现：1. 中国由工业化向产业高级化转换所导致的资本空间生产时间要被缩短一半以上；2. 在一定时期内，由于地理不平衡发展所带来的大量而充分的农村剩余劳动力，使得劳动力在近乎无限供给的状况下不断缓解着城市结构性失业，增加的就业人口迫使对劳动力价值分配和福利分配等再分配体系趋缓，这也成为中国城市空间生产中价值利润创造的优势；3. 通过诸多方式对空间的有计划获取和维系空间生产的高额利润表现在城市空间对农村空间的不断挤占（工业挤占农业利润，城市空间扩展对农村土地和景观的剥夺，城市产业发展通过以社会劳动力分工为基础的城乡社会空间剥夺；城乡收入差距为 3.3 倍，位列世界第一等），优势人群空间优势（文化、居住、消费、就业、话语权等）的强化，边缘人群空间的更边缘等；4. 国有资本与权力的结合，追求的不仅仅是级差地租，更是一种垄断地租（monopoly rents），是国有开发企业与政府本身就具有的“关系资本”通过对土地的垄断权力机制来实现的。权力依赖国有资本可以最大限度地配置垄断资源，进而最大限度地实现政府的战略意图；国有资本依赖权力更易获得空间生产的优先性，但又不得不屈服于权力的规训，即更好地服从于权力设定的限制。从配置稀缺资源和控制生产剩余的角度，空间生产的利润被大大提高。

由此我们提出，如果作为空间价值再生产的住区更新，变成少数人对一部分人的空间权益的剥夺，城市空间的价值增益仅由少数人分享，甚至连“最少受惠者”的基本权利都无法保证，那么它就是不正义的。我国城市住区更新中的空间不正义表现主要表现在：1. 由于住区更新参与主体权利的非均衡性导致的不正义，包括：行政权力的扩张对住区更新的不正义参与；市民因话语权不对等而通过非法制的维权方式来表达以寻求政府与社会的快速回应；原有的强势权力在住区更新中被强化。2. 由于资本与权力的合谋造成的不正义的住区更新结果，包括住区空间的交换价值压倒使用价值的不正义；更新后城市空间的同质性取代异质性（空间的多样需求和地方多样性文化）的不正义；用消费空间替代日常生活空间成为城市主导的不正义。3. 由于住区更新而导致的对居民日常生活的剥夺，包括居民成为住区更新的最大利损者；忽视了住区更新带来的社会成本，如社会冲突的消解需要花费的成本、居民的日常生活重建成本、失业及收入损失等。

因此，正义的住区更新正是本研究所要寻求的出路。然而，绝对的、完全的正义是不存在的，这样的正义是乌托邦，是一个终极理想而不是辩证地看待空间正义。空间正义本身就是一个对空间不正义的不断修正过程，它具有历史、时间、地理等多项维度。因此，在保有对空间乌托邦式想象（空间正义的蓝图）的同时，寻找对当前更新的替代方案，是应该遵循构建住区更新空间正义的原则。空间乌托邦式的想象，是上文所述的“通过住区更新实现了各类人对居住的需求，满足了差异性的居住空间需要，并使各类人、各类文化不会彼此替代或排斥隔离，而是和谐的共存共处”。当前的城市住区更新替代方案则是通过对住区更新参与主体力量的均衡，对涉及住区更新的规制的调整，以及对更新结果、利益再分配的调节三个方面来构建，从而将住区更新的社会问题转化为公正的规制背景下的法律问题，令住区更新的全过程纳入法律规定的程序，实现程序正义，并通过国家福利体系实现空间成果的再分配，保障利益受损居民可以公平分享住区更新的成果。

9.2　研究展望

空间生产以及整个新马克思主义的理论带有强烈的结构决定论和经济决定论观点，这也是曼纽尔·卡斯泰尔斯逃离马克思主义的重要原因。过分强调了资本积累、资本循环、资本主义等因素对城市空间变迁的决定作用，激进的批判思想往往导致新马克思主义空间生产理论最终走向乌托邦。因此，当新马克思主义的哲学家在倡导革命和共产主义之时，地理学家们更倾向于寻找替代的方案——哈维最终走向了改良主义路线，认为没有普遍不变的正义，正义随时间、空间以及个人的变化而变化，因此有必要通过对规划设定原则来寻求改良主义的方案。索亚也将自己的空间正义定义为一种批判的视角，而不是用来解决问题的方式和手段。无论新马克思主义空间生产理论在中国的应用如何，至少它提供了一种批判的视角，也试图用现有的理论力量促进对实践的反思。

本书的研究中也不无遗憾，例如未将我国另一典型住区更新即“单位制住区”的更新纳入，单位制住区在新的全球化资本的冲击下逐步走向杂化，当初为生产服务的住区综合体从空间上已经随着单位制的消失而解体，其中的人群也由“同质化”走向了“混合化”。单位制住区的空间生产与本书中探讨的侧重文化式更新的内城历史住区空间生产、侧重于资本式空间生产的城中村等所不同的是，它更加直接地体现了由工业大生产时期的集体空间向异质化城市空间的转型力量。不同住区对不同更新方式的侧重，正是由于具体住区历史背景差异、产生原因差异、体现形制差异、居住对象的社会关系差异等所决定的，这正体现了空间生产历史—社会—空间的三元辩证性。

在城镇化快速发展的今天，中国的城市更新还将继续并大量产生，其中新的空间正义缺失也将不断产生并不断被修正。现阶段的城市住区更新效果常常被市场以经济和利润为标尺进行衡量，被权力以政绩目标来衡量，而这些衡量标准都将社会成本和社会目标排除在外。在中国经历了改革开放后经济快速发展、公共财富巨大积累后的今天，面对日益极化的社会格局和不断加剧的社会矛盾，更新的空间目标应该由经济效率优先转向社会正义优先，更新的成果应该由更多的人来共享。即使无法保证使每个人都受益，但应更多考虑弱势阶层的利益以及他们的空间需求，消减由城市更新所造成的对原住民边缘化驱赶和对其空间资源的剥夺，这才是中国城市更新的空间正义发展方向。与此同时，城市更新应该是在政府、市场和社会三者相互制约的综合作用下形成的，从这一意义上，所谓空间正义应该是寻求不同利益主体之间博弈的平衡和不同价值取向间选择的平衡。

处于快速转型期的中国，愈来愈面临着广大市民对城市更新及相关空间运动的参与热潮，但是由于其表达参与机制的不完善导致大量的市民话语权表达只能通过各种非正规的方式（如静坐、游行、网络舆论等）以寻求得到快速的回应。应该认识到，这种非正规的表达是不稳定的，只有实现市民权利表达机制以及反馈的社会化途径正规化、透明化，才能真正将城市更新的正义实施运行。这种社会化途径包括了参与机制的法制化、有效性的制度建立与实施，也包括了 NGO 组织的完善，其中的组织人员由什么样的群体构成？是否能够去行政化？都是值得未来研究所思考的。

令人欣喜的是，中共十八届三中全会提出了发展成果应惠及全体人民的思想："实现发展成果更多更公平惠及全体人民，必须加快社会事业改革，解决好人民最关心最直接最现实的利益问题，更好满足人民需求"。2014 年《国家新型城镇化规划》也将城镇化的重点由空间、土地转移到关注到"人的城镇化"。基于人和社会关系的空间正义在我国近来的一些城市实践中正在逐渐地被纳入城市空间的发展目标中来，如南京城市的轨道交通线专门考虑了对保障性住区的站点布局以弥补原有规划的不足，城市中多个地区的更新规划方案因为原居民的强烈意愿和专家的介入而修改得更具"人性"，等等。社会空间正义应该成为当前中国城市更新和空间生产过程遵循的基本价值观，成为引导城市经济、环境、社会等一系列空间实践过程的基本原则，建立城市住区更新的正义，寻求空间正义将是空间生产永恒的主题。从新马克思主义的视角而言，社会空间正义不是一个空间的终结状态，而是一个不断修正的正义的空间发展实施方式，这个方式正是通过各类空间政策和空间方案持续在城市空间生产中发挥作用来实现的。正如列菲伏尔所言："它（空间）不是一个起点，也将不会是一个终点，它是一个中间物，即一种手段或者工具[1]"。

1　列菲弗尔 . 空间与政治 [M]. 李春译 . 上海：上海人民出版社，2008.

主要参考文献

[1] Alan Murie, etl. Privatisation and after. http://pdc.ceu.hu/archive/00005315/01/Privatisation_and_after.pdf

[2] Atkinson R.Introduction: misunderstood saviour or vengeful wrecker? The many meaningsand problems of gentrification [J]. Urban Studies, 2003 (40): 2343-2350.

[3] Ball, M. European Housing Review [M]. Brussels, Belgium: Royal Institution of Chartered Surveyors (RICS), 2008.

[4] Bian, Y., & Logan, J.R. (1996) . Market transition and the persistence of power: The changing stratification system in urban China [J]. American Sociological Review, 61 (5), 739-758.s

[5] Bramley, G. and Morgan, J. Low Cost Home Ownership Initiatives in the UK [J]. Housing Studies, 1998, 13, 4, 567-586.

[6] Brenner, N. and Theodore, N. Cities and the geographies of "actually existingneoliberalism" [J], Antipode, 2002, 34 (3): 349-379.

[7] Chu Y H (2002) Re-engineering the developmental state in an age of globalization: Taiwan in defiance of neo-liberalism [J]. The China Review 2 (1): 29–59.

[8] Cynthia Wagner. Spatial justice and the city of Sao Paulo [D]. Leuphana University Luneburg, 2011.

[9] D. Harvey. Social justice, postmodernism, and the city [J].International Journal of Urban and Regional Research, 1992 (16): 588-601.

[10] D. Harvey. The urban process under capitalism: a framework for analysis [J]. International Journal of Urban and Regional Research, 1978, 2 (1-4): 101-131.

[11] D. Harvey. The Urbanization of Capital [M]. Baltimore: The Johns Hopkins University Press, 1985.

[12] D.Harvey. The art of rent: globalization, monopoly and the commodification of culture [J]. Socialist Register, 2009: 93-110.

[13] David Harvey. The Right to the City [J]. New Left Review, 2008 (53): 23–40.

[14] Davies，B.P. Social Needs and Resources in Local Services：A Study of Variations in Provision of Social Services between Local Authority Areas[M]. London：Joseph Rowntree，1968.

[15] Davis，D. The consumer Revolution in Urban China [M]. Berkeley，CA：University of California Press，2000.

[16] Edward W. Soja. Seeking Spatial Justice [M]. Minnesota ：The University of Minnesota press，2010.

[17] Ethan Michelson. Climbing the dispute pagoda：grievances and appeals to the official justuce system in rural China [J]. American Dociological Review，2007（72）：459-485.

[18] F.L. Wu. Urban Restructuring in China's Market Economy：towards a Framework for Analysis [J]. International Journal of Urban and Regional Research.2003，（21）：p.1337

[19] Foucault M. Discipline and punish：The birth of the prison [M]. Harmonds worth：Penguin，1979：67.

[20] Frank Wassenberg. Demolition in the Bijlmermeer：lessons from transforming a large housing estate[J]. Building Research and Information，2011，39（4）：363-379.

[21] Fulong Wu. China's great transformation：Neoliberalization as establishing a market society [J]. Geoforum，2008（39）：1093–1096.

[22] Fulong Wu. Residential relocation under market-oriented redevelopment：the process and out comes in urban China[J]. Geoforum，2004（35）：453-470.

[23] Gans，H. J. The urban villagers：group and class in the life of Italian-American[M]. New York：The Free Press，1962.

[24] Gordon Macleod. From urban entrepreneurialism to a "revanchist city"? On the spatial injustices of Glasgow's renaissance [J].Antipod，2002，34（3）：601-623.

[25] Hackworth J，Smith N. The changing state of gentrification [J]. Tijdschrift voor Economischeen Sociale Geografie，2001（22）：464-477.

[26] HamnettC. Gentrification，Postindustrial and Occupational Restructuring in Global Cities.A Comparison to the City[M].Blackwell Publisher，2000.

[27] Hartman，C. Relocation：illusory promises and no relief [J]. Virginia Law Review，1971，57（6）：745-817.

[28] Harvey D. The Limits to Capital[M]. Chicago：University of Chicago Press，1982

[29] Harvey，D. 2006. Neoliberalism and the City [C]. 22nd Annual University of Pennsylvania Urban Studies Public Lecture. November 2，2006.

[30] Harvey, D. From managerialism to entrepreneurialism: the transformation in urban governance in late capitalism[J]. Geografiska Annaler, 1989, 71B: 3-17.

[31] Harvey, D. Social Justice and the City.[M] London: Edward Arnold., 1973.

[32] Harvey, D.The Condition of Postmodernity [M].Oxford: Basil Blackwell, 1989.

[33] Harvey. D. Space of Global Capitalism: Towards a Theory of Uneven Geographical Development[M]. London: Verso, 2006.

[34] Henri Lefebvre. The Survival of Capitalism[M]. London: Allison & Busby Press, 1976.

[35] Henri Lefebvre.The Urban Revolution [M].Minnesota: The University of Minnesota Press, 2003.

[36] Hiroshi Sato.Housing inequality and housing poverty in urban China in the late 1990s[J]. China Economic Review, 2006, 17 (1): 37-50.

[37] Huang, Y. A room of one's own: housing consumption and residential crowding in transitional urban China[J]. Environment and Planning A, 2003 (35), 591-614.

[38] John R. Logan, Yanjie Bian, Fuqin Bian. Housing inequality in urban China in the 1990s[J]. International Journal of Urban and Regional Research, 1999, 23 (1): 7-25.

[39] Kwekkeboom, W. Rebuildung the Bijlmermeer 1992–2002[C]. In: Amsterdam Southeast. Eds.: D. Bruijne, D.van Hoogstraten, W. Kwekkeboom, A. Luijten[M]. Bussum, 2002: 73-114.

[40] Lefebvre Henri. The production of space [M]. Oxford UK &Cambridge USA : Blackwell, 1991.

[41] Li Siming. Redevelopment, displacement, housing conditions, and residential satisfaction: a study of Shanghai[J]. Environment and Planning A, 2009 (41): 1090-1108.

[42] Mingione E. Urban Poverty in the Advanced Industrial World: Concepts, Analysis and Debates[A]. In: Mingione E. Urban Poverty and the Underclass[M]. Oxford: Blackwell, 1996

[43] Mossberger, K., Stoker, G.. The evolution of urban regime theory: The challenge of conceptualization [J]. Urban Affaires Review, 2001 (6): 810-835.

[44] Neil Brenner. New state spaces. Urban governmance and the rescaling of statehood[M]. Oxford: Oxford University Press, 2004.

[45] Neil Smith. Gentrification and uneven development [J]. Economic Geography, 1982, 56 (2): 139-155.

[46] Neil Smith. Toward a theory of gentrification a back to the city movement by capital, not people

[J]. Journal of the American Planning Association, 1979, 45 (4): 538–585.

[47] Nicholas Brown, Ryan Griffis. What Makes Justice Spatial? What Makes Spaces Just? Three Interviews on the Concept of Spatial Justice[J].Critical Spatial Practice Reading Group, 2007 : 7-30.

[48] Painter, J. Regulation theory, post- fordism and urban politics. Readings in Urban Theory [M]. Oxford: Blackwell Publishing.

[49] Peck J. Geography and public policy: Constructions of neoliberalism[J]. Progress in Human Geography , 2004, 28 (3): 392–405.

[50] Peter Boelhouwer, Harry van der Heijden. Social housing in Western Europe in the nineties[J]. Housing and the Built Environment, 1994, 9 (4): 331-342.

[51] Rachel Weber. Extracting value from the city: neoliberalism and urban redevelopment[J]. Antipode, 2002: 519-556.

[52] Roger Keil. “Common–Sense” Neoliberalism: Progressive Conservative Urbanism in Toronto, Canada [J]. Antipode, 2002, 34 (3): 578-601.

[53] Sandercock, L. Towards Cosmopolis: Planning for Multicultural Cities[M]. New Jersey: John Wiley & Sons, 1998.

[54] Saskia Sassen. The Global City. Princeton : Princeton University Press, 2001.

[55] Shenjing He, Fulong Wu.China's emerging neoliberal urbanism: perspectives from urban redevelopment [J]. Antipode, 2009, 41 (2): 282-304.

[56] Short J R. Housing in Britain: the post-war experience[M]. Methuen, London.1982.

[57] Smith N, De Filippis J. The reassertion of economics: 1990 gentrification in the Lower East Side [J]. International Journal of Urban and Regional Research, 1999 (23): 638-653.

[58] Smith N. New globalism, new urbanism: gentrification as global urban strategy [J]. Antipode, 2002 (34): 7-450.

[59] Smith N.The new urban frontier: gentrification and the revanchist city[M], London: Routledge, 1996.

[60] Soja, E.W. Editorial: Henri Lefebvre 1901-1991[J]. Environment and Planning D, Society and Space, 1991 (9): 257-259.

[61] Stuart Elden. Understanding Henri Lefebrve [M]. Longdong and New York: Continuum, 2004.

[62] Tony E. Smitha, Yves Zenoub.Spatial mismatch, search effort, and urban spatial structure [J]. Journal of Urban Economics, 2003, 54 (1): 129-156.

[63] Victor Nee. Social inequalities in reforming state socialism：between redistribution and market [J]. American Sociological Review，1991（56）：267-228.

[64] Wang，Y. & Murie，A.（2000）. Social and spatial implications of housing reform in China. International Journal of Urban and Regional Research，24（2），397–417.

[65] Wilmott，P.，Young，M. Family and kinship in east London. Routledge and Kegan Paul，London. 1957.

[66] Ya Ping Wang，Alan Murie. Social and Spatial Implications of Housing Reform in China [J]. International Journal of Urban and Regional Research，2000，24（2）：397-417.

[67] Yang，Y.，Chang，C.. An urban regeneration regime in China：A case study of urban redevelopment in Shanghai's Taipingqiao Area [J]. Urban Studies，2007，44（9），1809-1826.

[68] Yanjie Bian，John R. Logan. Market Transition and the Persistence of Power：The Changing Stratification System in Urban China [J]. American Sociological Review，1996，61（5）：739-758.

[69] Yao，S.，& Zhu，L.（1998）. Understanding income inequality in China：A multi-angle perspective. Economics of Planning，31，133-150.

[70] Youqin Huang.The road to homeownership：a longitudinal analysis of tenure transition in urban China（1949–94）[J].International Journal of Urban and Regional Research，2004，28（4）：774-795.

[71] Zhang，T. Urban development and a socialist pro-growth coalition in Shanghai [J]. Urban Affairs Review，2002（4）：475-499.

[72] Zhang，Y.，Fang，K. Is history repeating itself? From urban renewal in the united states to inner-city redevelopment in China [J]. Journal of planning education and research，2004，23(3)，286-298.

[73] Zhang.Urban development and a socialist progrowth coalition in Shanghai. Urban Affairs Review 37（4）：475-499.

[74] Zhu，J. Local growth coalition：The context and implications of China’s gradualist urban land reforms [J]. International Journal of Urban and Regional Research，1999（3）：534-548.

[75] 埃比尼泽·霍华德．明日的田园城市 [M]. 金经元译．北京：商务印书馆，2000.

[76] 爱德华索亚．后现代地理学：重申批判社会理论中的空间 [M]. 北京：商务印书馆，2004.

[77] 爱德华索亚．第三空间：去往洛杉矶和其他真实和想象地方的旅程 [M]. 上海：上海教育出版社，2005.

[78] 柏拉图 . 理想国 [M]. 北京：商务印书馆，2002.

[79] 陈浩 . 转型期中国城市住区再开发中的非均衡博弈与治理 [D]. 南京：南京大学，2010.

[80] 陈虎，张京祥，朱喜钢，崔功豪 . 关于城市经营的几点再思考 [J]. 城市规划汇刊，2002，140（4）：38-40.

[81] 陈英凤 .“株连式拆迁”是变相的行政强拆 [J]. 城市管理，2011（4）：20-20.

[82] 陈忠 . 空间辩证法、空间正义与集体行动的逻辑 [J]. 哲学动态，2010（6）：40-46.

[83] 陈忠 . 空间辩证法、空间正义与集体行动的逻辑 [J]. 哲学动态 .2010（6）：40-46.

[84] 大卫· 哈维 . 列菲弗尔与《空间的生产》[J]. 黄晓武译 . 国外理论动态，2006（1）：53 - 56.

[85] 大卫· 哈维 . 正义、自然和差异地理学 [M]. 胡大平译 . 上海人民出版社，2010.

[86] 大卫· 哈维 . 新自由主义简史 [M]. 王钦译 . 上海：上海译文出版社，2010.

[87] 戴维· 哈维 . 后现代的状况——对文化变迁之缘起的探究 [M]. 阎嘉译 . 北京：商务印书馆，2004.

[88] 戴艳军，王天崇 . 从“违规拆迁”看地方政府决策效应危机 [J]. 决策探索，2004（8）：54-55.

[89] 董光器 . 古都北京五十年演变录 [M]. 南京：东南大学出版社，2006.

[90] 董玛力，陈 田，王丽艳 . 西方城市更新发展历程和政策演变 [J]. 人文地理，2009，24（5）：42-46.

[91] 冯玉军 . 权力、权利和利益的博弈——我国当前城市房屋拆迁问题的法律与经济分析 [J]. 中国法学，2007（4）：39-63.

[92] 福柯 . 权力的眼睛：福柯访谈录 [M]. 上海：上海人民出版社，1997：22-35.

[93] 傅勇 . 财政分权、政府治理与非经济性公共物品供给 [J]. 经济研究，2010（8）：4-15.

[94] 高鉴国 . 新马克思主义城市理论 .[M] 北京：社会科学文献出版社，2005.

[95] 郭EEE烽，朱隆斌 . 基于社区参与的传统街区复兴 [J]. 城市建筑，2009（2）：100-102.

[96] 哈贝马斯，米夏埃尔· 哈勒 . 作为未来的过去 [M]. 章国锋译 . 杭州：浙江人民出版社，2001.

[97] 哈维，2006. http：//ows.cul-studies.com/Article/Print.asp?ArticleID=3881

[98] 哈维 . 新帝国主义 [M]. 初立忠，沈晓雷译 . 北京：社会科学文献出版社，2009.

[99] 哈维 . 巴黎城记——现代性之都的诞生 [M]. 黄煜文译 . 南宁：广西师范大学出版社，2010.

[100] 哈维 . 希望的空间 [M]. 胡大平译 . 南京：南京大学出版社，2005.

[101] 何深静，钱俊希，邓尚昆 . 转型期大城市多类绅士化现象探讨 [J]. 人文地理，2011，（1）：44-49.

[102] 侯淅珉 . 对我国住房分配状况及其结果的再认识 [J]. 中国房地产，1994（9）：14-17.

[103] 胡鞍钢．就业模式转变：从正规就业到非正规就业 [J]. 管理世界，2001，（2）：69-78.
[104] 胡大平．为什么以及如何通过空间来探寻希望 [J]. 中国图书评论，2007（5）：82-86.
[105] 胡海峰．福特主义、后福特主义与资本主义积累方式 [J] 马克思主义研究，2005，（2）．
[106] 李承嘉．租隙理论之发展及其限制 [N]. 中国台湾土地科学学报，2000（1）：67-89.
[107] 李春敏，马克思恩格斯对城市居住空间的研究及启示 [J]. 2001（3）：4-9.
[108] 李骏．住房产权与政治参与：中国城市的基层社区民主 [J]. 社会学研究，2009（5）：57-82.
[109] 李强．转型时期中国社会分层 [M]. 沈阳：辽宁教育出版社，2004.
[110] 李志刚，顾朝林．中国城市社会空间结构转型 [M]. 南京：东南大学出版社，2011.
[111] 列非弗尔．空间与政治 [M]. 李春译．上海：上海人民出版社，2008.
[112] 林毅夫，蔡昉，李周．对赶超战略的反思 [J] 战略与管理，1994（6）：1-12.
[113] 林毅夫，蔡昉，李周．中国的奇迹：发展战略与经济改革 [M]. 上海：上海人民出版社，1994.
[114] 林毅夫，刘志强．中国的财政分权与经济增长 [N]. 北京大学学报，2000，4（37）：6-17.
[115] 刘怀玉．论列斐伏尔对现代日常生活的瞬间想象与节奏分析 [N]. 西南大学学报（人文社会科学版），2012，38（3）：12-20.
[116] 刘怀玉．现代性的平庸与神奇——列斐伏尔日常生活批判哲学的文本学解释 [M]. 北京：中央编译出版社，2006.
[117] 刘旭东．国民福利由补缺型向适度普惠型转变的思考 [J]. 经济问题，2008（10）：126-129.
[118] 刘玉亭．中国转型期城市贫困问题研究——社会地理学视角的南京实证分析 [D]. 南京：南京大学，2003.
[119] 吕俊华，彼得罗，张杰主编．中国现代城市住宅：1840-2000[M]. 北京：清华大学出版社，2002.
[120] 罗伯特· A· 达尔．现代政治分析 [M]. 上海：上海译文出版社，1987，47.
[121] 马俊峰，柏拉图的正义观 .[N] 泰山学院学报，2007，9（5）：60-62.
[122] 曼纽尔卡斯特尔斯．千年终结 [M]. 夏铸九，黄慧琦译．北京：社会科学文献出版社，2006.
[123] 孟延春．旧城改造中的中产阶层化现象 [J]. 城市规划汇刊，2000（1）：48-52.
[124] 苗长虹．从区域地理学到新区域主义：20 世纪西方地理学区域主义的发展脉络 [J]. 经济地理，2005，25（5）．
[125] 南京市规划局，关于老城南若干项目规划情况汇报，2010 报市政府文件。

[126] 平新乔，白洁．中国财政分权与地方公共品的供给 [J]. 财贸经济，2006（2）：49-56.

[127] 钱振明．走向空间正义：让城市化的增益惠及所有人 [J]. 江海学刊．2007（2）：40-43.

[128] 任平．空间的正义——当代中国可持续城市化的基本走向 [J]. 城市发展研究，2006，13(5)：1-4.

[129] 邵任薇．城中村改造中的政府角色扮演：安排者、监管者和协调者 [J]. 城市发展研究，2011，(12)：125-128.

[130] 施国庆，盛广恒，蔡依平．城市房屋拆迁补偿制度的缺陷 [J]. 城市问题，2004（4）：48-51.

[131] 汤晋，罗海明，孔莉．西方城市更新运动及其法制建设过程对我国的启示 [J]. 国际城市规划，2007，22（4）.

[132] 王兰，刘刚．20 世纪下半叶美国城市更新中的角色关系变迁 [J]. 国际城市规划，2007，22（4）：21-26.

[133] 王名，贾西津．中国 NGO 发展分析 [J]. 管理世界，2002（8）：30-42.

[134] 王婷婷，张京祥．略论基于国家—社会关系的中国社区规划师制度 [J]. 上海城市规划，2010，(5)：4-9.

[135] 王永钦，张晏，章元，陈钊，陆铭．中国的大国发展道路——论分权式改革的得失 [J]. 经济研究，2007（1）：4-15.

[136] 魏立华，李志刚．中国城市低收入阶层的住房困境及其改善模式 [J]. 城市规划学刊，2006.（2）.

[137] 魏立华，阎小培．中国经济发达地区城市非正式移民聚居区——城中村的形成与演进——以珠江三角洲诸城市为例 [J] 管理世界，2005（8）：48-57.

[138] 吴缚龙．中国的城市化与“新”城市主义 [J]. 城市规划，2006，30（8）：19-23.

[139] 吴国兵，刘均宇． 中外城市郊区化的比较 [J]. 城市规划，2000（8）：36-39.

[140] 吴宁．日常生活批判：列斐伏尔哲学思想研究 [M]. 北京：人民出版社，2007.

[141] 吴启焰，罗艳．中西方城市中产阶级化的对比研究 [J]. 城市规划，2007，31（8）：30-35.

[142] 吴启焰．新自由主义城市空间重构的批判视角研究 [J]. 地理科学，2011，31（7）：769-774.

[143] 徐大同．西方政治思想史 [M]. 天津：天津教育出版社，2001：22.

[144] 许云霄．公共选择理论 [M]. 北京：北京大学出版社，2006.

[145] 阎小培，魏立华，周锐波．快速城市化地区城乡关系协调研究——以广州市“城中村”改造为例 [J]. 城市规划，2004，28（3）：30-38.

[146] 杨继瑞，中国经济改革 30 年——房地产卷 [M]. 成都：西南财经大学出版社，2008.

[147] 杨宇振 . 巴黎的神话 :作为当代中国城市镜像——读大卫 · 哈维的《巴黎 :现代性之都》[J]. 国际城市规划，2011，26（2）：111-115.

[148] 杨宇振 . 更更：时空压缩与中国城乡空间极限生产 [J]. 时代建筑，2011（3）：18-21.

[149] 杨宇振 . 权力，资本与空间：中国城市化 1908-2008[J]. 城市规划学刊，2009（01）：62-73.

[150] 姚介厚 . 西方哲学史（学术版）[M]. 南京：江苏人民出版社，2005.

[151] 张紧跟，庄文嘉 . 非正式政治：一个草根 NGO 的行动策略 [J]. 社会学研究，2008（2）：1-11.

[152] 张京祥，陈浩 . 中国的压缩城市化环境与规划应对 [J]. 城市规划学刊，2010（6）：10-21.

[153] 张京祥，殷洁，罗震东 . 地域大事件营销效应的城市增长机器分析———以南京奥体新城为例 [J]. 经济地理，2007，27（3）：452-456.

[154] 张京祥，赵伟 . 二元规制环境中城中村发展及其意义的分析 [J]. 城市规划，2007，31（1）：63-67.

[155] 张京祥，邓化媛 . 解读城市近现代风貌型消费空间的塑造——基于空间生产理论的分析 [J]. 国际城市规划，2009，24（1）：43-47.

[156] 张京祥，马润潮，吴缚龙 . 体制转型与中国城市空间重构——建立一种空间演化的制度分析框架 [J]. 城市规划，2008，32（6）：55-60.

[157] 张京祥，吴缚龙，崔功豪 . 城市发展战略规划：透视激烈竞争环境中的地方政府管制 [J]. 人文地理，2004，19（3）：1-5.

[158] 张京祥 . 西方城市规划史纲 [M]. 南京：东南大学出版社，2005.

[159] 张静 . 公共空间的社会基础：一个社区纠纷案例的分析 [C]. 上海社会科学联合会编，社区理论与社区发展，2001.

[160] 张庭伟 . 新自由主义，城市经营，城市治理，城市竞争力 [J]. 城市规划，2004（5）：43-50.

[161] 张子凯 . 列斐伏尔《空间的生产》述评 [N]. 江苏大学学报（社会科学版），2007，9（5）：10-14.

[162] 周伟 . 西方发达国家的住房市场和住房政策 [J]. 外国经济与管理，1993（2）：15-18.

[163] 朱隆斌 . 城市提升——扬州老城保护整治战略 [M]. 南京：江苏科学技术出版社，2007.

[164] 转引自 Peter Marcuse.City：analysis of urban trends，culture，theory，policy，action [J]. City，2009，13（2-3）：185-197.

[165] 转引自李佳 . 城市中的摊贩：规划外存在的柔性抗争 [C]. 陈映芳水内俊雄，邓永成，黄丽玲 . 直面当代城市问题与方法 .